多变量干旱监测评估
方法与应用

马明卫 著

中国水利水电出版社
www.waterpub.com.cn
·北京·

内 容 提 要

干旱监测评估正从单一观测手段（单变量或因子）向多源信息融合（多变量综合）发展和转变。本书在系统梳理国内外干旱监测评估相关研究现状及进展的基础上，重点介绍了采用多变量理论与方法改进和拓展帕尔默干旱指标的典型研究成果，以及相关实例应用情况。核心内容包括：采用标准化指数策略和 Copula 函数方法构建两种新的改进型帕尔默干旱指标，即标准化帕尔默干旱指数（SPDI）和帕尔默联合水分亏缺指数（SPDI-JDI）；气候模式、分布式水文模型和改进型帕尔默干旱指标（SPDI、SPDI-JDI）在多变量干旱监测评估中的耦合应用等。书中研究成果改善和拓展了传统帕尔默旱度指标的应用范围，丰富了干旱监测与综合评估方法。

本书适合作为水灾害管理、水文统计、气象科学、环境科学等相关领域教学、科研与工程技术人员的参考书，也可供相关专业的高年级本科生、研究生和教师阅读使用。

图书在版编目（CIP）数据

多变量干旱监测评估方法与应用 / 马明卫著. -- 北京：中国水利水电出版社，2019.10
ISBN 978-7-5170-8033-6

Ⅰ．①多… Ⅱ．①马… Ⅲ．①多变量－干旱－监测－评估方法－研究 Ⅳ．①P426.615

中国版本图书馆CIP数据核字(2019)第203168号

书　　名	**多变量干旱监测评估方法与应用** DUOBIANLIANG GANHAN JIANCE PINGGU FANGFA YU YINGYONG	
作　　者	马明卫　著	
出版发行	中国水利水电出版社 （北京市海淀区玉渊潭南路 1 号 D 座　100038） 网址：www.waterpub.com.cn E-mail：sales@waterpub.com.cn 电话：(010) 68367658（营销中心）	
经　　售	北京科水图书销售中心（零售） 电话：(010) 88383994、63202643、68545874 全国各地新华书店和相关出版物销售网点	
排　　版	中国水利水电出版社微机排版中心	
印　　刷	清淞永业（天津）印刷有限公司	
规　　格	170mm×240mm　16 开本　10.25 印张　201 千字	
版　　次	2019 年 10 月第 1 版　2019 年 10 月第 1 次印刷	
定　　价	**48.00 元**	

前　言

　　自然界的水循环过程有其内在的确定性规律和随机性波动。前者作为水文现象必然性的一种动态表征，暗含着降水、蒸散发、下渗、土壤水运动、河川径流和地下水蓄泻等主要水分迁移过程所形成的复杂稳定关系；后者则是对水文现象偶然性的一种随机表征，偶然性的来源多种多样，相应随机成分的加入极大丰富了水文循环的内涵。然而实际中，水文循环过程（如降水）的随机波动却可能给水资源利用带来极为不利的影响。长期来看，一个地区的水分供给与需求将在不断调整中达到某种动态平衡，即水文循环的确定性成分起决定作用；但短时期内，水分供给大于需求（涝）或水分供给小于需求（旱）的现象却非常普遍，这便与水文循环过程的异常波动不无关系。换言之，若水文循环的随机波动超出一定范围，就可能引发洪涝和干旱等各类自然灾害及次生灾害事件。

　　干旱作为一种生态与环境灾害，受到了气象、水文、生态、环境、农业、地质等学科的共同关注。近几十年，全球大范围持续干旱事件层出不穷，干旱缺水影响的广度、深度及造成的损失也空前高涨。干旱影响范围之广，跨越了众多经济社会部门，其影响甚至远远超出干旱自身的覆盖范围。在应对干旱发生、缓解旱灾不利影响的过程中，人们对干旱现象及其伴生灾害的认知能力和研究水平也在逐步提高。目前，干旱监测与评估的手段正处于由单一地面站点观测向遥感技术、气候模式、水文模型、陆面模式等多源信息融合与数据同化过渡的阶段。用于监测和评估干旱状态的因子或变量，也由最初的单一变量（如降水量）向多变量综合的方向发展（如同时考虑降水、径流、蒸散发和土壤含水量等）。干旱指标（指数）是干旱定量化的重要工具，如何充分利用多源信息干旱监测数据，开发能够融合多种气象、水文变量的多维干旱指标框架与体系，用以综合评判不同时空尺度与精度的旱涝监测结果，无疑也成为当前干旱研究的一个热点问题。干旱监测能够提供大量有关水分收支及其异常变化的原始资料，而干旱指标则是对相关干旱监测信息进行综合与再处理之后的产品。借助合理的干旱指标体系，可以适时地发布干旱早期预警及应急响应，并对未来一段时期的干旱风险进行预测或预估，有利于指导人们有意识地防旱、抗旱，规避干旱风险，从根本上提高社会应对干旱的能力并降低面对旱灾的脆弱性，实现由旱时危机管理向平时风险管理的转变。

本书首先系统梳理了干旱监测评估相关理论方法的研究现状与进展，并指出了当前研究中存在的某些问题及可能的发展趋势。随后，对作者采用多变量方法改进和拓展传统帕尔默干旱指标的典型研究成果进行了重点介绍，并展示了一系列实例应用成果。全书共分 5 章：第 1 章综述了目前国内外相关领域的研究进展，以及本书的研究框架；第 2 章详细介绍了采用标准化指数策略构建标准化帕尔默干旱指数（SPDI）的理论和方法，并在全球 12 个具有代表性的气象站进行了验证应用；第 3 章介绍了基于 Copula 函数融合不同时间尺度 SPDI，构建帕尔默联合水分亏缺指数（SPDI - JDI）的理论和方法，并将其应用于全球代表性站点的历史干旱序列重建与分析；第 4 章介绍了基于分布式水文模拟的改进型帕尔默干旱指标（SPDI、SPDI - JDI）在黄河流域干旱监测与评估中的应用，并对气候模式模拟未来情景的干旱情势进行了预估；第 5 章简要归纳了本书的主要研究结论，并对研究过程中发现的问题做了展望。

本书的出版，得到了国家自然科学基金项目——变化环境下干旱非一致性机理与评估方法研究（41701022）、华北水利水电大学水利工程优势学科、水资源高效利用与保障工程河南省协同创新中心、河南省水环境模拟与治理重点试验室等经费资助和支持，中国水利水电出版社也对本书的出版给予了大量帮助，作者在此致以诚挚的谢意。

本书写作过程中，参考了大量国内外学者的研究成果和相关文献，大部分已在书后参考文献中列出；但由于资料庞杂，疏漏之处在所难免，在此一并致谢。由于作者水平有限，书中难免存在诸多不足之处，恳请有关专家学者和读者批评指正。

作者

2019 年 6 月

目　　录

前言

第1章　绪论……………………………………………………………………… 1

1.1　研究背景与意义 ……………………………………………………… 1

1.2　国内外研究进展 ……………………………………………………… 3

1.2.1　干旱研究现状与焦点 ……………………………………… 3

1.2.2　干旱指标（指数）研究综述 …………………………… 8

1.2.3　水文模型和气候模式在干旱研究中的应用 ………… 16

1.2.4　研究中存在的问题 ………………………………………… 17

1.3　本书的研究框架 ……………………………………………………… 18

1.3.1　研究内容 ……………………………………………………… 18

1.3.2　技术路线 ……………………………………………………… 20

第2章　标准化帕尔默干旱指数构建与应用 …………………………… 21

2.1　概述 ……………………………………………………………………… 21

2.1.1　传统帕尔默干旱指标 …………………………………… 22

2.1.2　标准化降水蒸散指数 …………………………………… 23

2.2　研究对象与数据 ……………………………………………………… 23

2.3　SPEI、PDSI 水分异常对降水和气温的敏感性 ………………… 24

2.3.1　月尺度序列分析 …………………………………………… 24

2.3.2　多时间尺度累积序列分析 ……………………………… 32

2.3.3　SPEI 可能的区域适用性局限 ………………………… 34

2.4　SPDI 对 PDSI 的替代标准化改进 ……………………………… 35

2.4.1　季节性影响的处理 ………………………………………… 35

2.4.2　理论概率分布优选 ………………………………………… 35

2.4.3　近似标准正态化过程 …………………………………… 41

2.5　结果验证与分析 ……………………………………………………… 42

2.5.1　历史干旱序列多指数对比分析 ……………………… 42

2.5.2　SPDI 对气候条件变化的敏感性 …………………… 47

2.5.3　讨论 …………………………………………………………… 49

  2.6　本章小结 ·· 49

第3章　帕尔默联合水分亏缺指数构建与应用 ······················· 51

　3.1　概述 ·· 51

　3.2　Copula 函数理论 ··· 52

　　3.2.1　Copula 函数的定义 ··· 53

　　3.2.2　Copula 函数的性质 ··· 53

　　3.2.3　Copula 函数的分类 ··· 54

　　3.2.4　Copula 函数参数估计方法 ·· 54

　3.3　帕尔默联合水分亏缺指数 ··· 54

　　3.3.1　经验 Copula 方法 ··· 55

　　3.3.2　参数 Copula 方法 ··· 55

　　3.3.3　Kendall 分布函数 ·· 57

　　3.3.4　SPDI‐JDI 标准正态化 ·· 57

　3.4　全球代表站点干旱分析 ·· 58

　　3.4.1　数据说明 ··· 58

　　3.4.2　PDSI 和 SPDI 时空特征对比分析 ··· 58

　　3.4.3　经验与参数 Copula 方法对比分析 ·· 59

　　3.4.4　多时间尺度干旱信息融合 ·· 63

　　3.4.5　SPDI‐JDI 指数评估 ··· 67

　3.5　本章小结 ·· 70

第4章　分布式水文模型与帕尔默干旱指标耦合应用 ············· 72

　4.1　概述 ·· 72

　4.2　基于分布式水文模拟的帕尔默干旱指标 ······································· 74

　　4.2.1　VIC 水文过程分布式模拟 ··· 74

　　4.2.2　帕尔默水量平衡各分量计算 ·· 75

　4.3　研究区与数据 ·· 77

　4.4　VIC 水文模拟和帕尔默干旱指标结果分析 ··································· 79

　　4.4.1　水文模拟结果评估 ··· 79

　　4.4.2　PDSI 和 SPDI 对比分析 ··· 82

　　4.4.3　SPDI 和 SPDI‐JDI 对比分析 ·· 90

　　4.4.4　SPDI 和 SPDI‐JDI 可靠性分析 ··· 96

　　4.4.5　SPDI‐JDI 干旱监测结果评估 ··· 105

　4.5　黄河流域历史干旱时空变化特征分析 ·· 106

　　4.5.1　干旱识别 ··· 107

　　4.5.2 干旱频次和总历时 ……………………………………… 108

　　4.5.3 干旱历时和干旱烈度 ………………………………… 109

　　4.5.4 全年和分季节干旱 …………………………………… 112

　4.6 气候变化条件下黄河流域未来干旱情景预估 …………… 116

　　4.6.1 降水量和气温 ………………………………………… 116

　　4.6.2 干旱事件多特征属性 ………………………………… 122

　4.7 本章小结 ………………………………………………… 135

第 5 章　研究结论与展望……………………………………… 137

　5.1 研究结论 ………………………………………………… 137

　5.2 问题与展望 ……………………………………………… 138

参考文献 …………………………………………………………… 141

第1章 绪 论

1.1 研究背景与意义

干旱作为一种生态与环境灾害,受到了气象、水文、生态、环境、农业、地质等学科研究人员的共同关注。事实上,不同的气候区不论降水多少,都可能发生干旱,并且和一段时间内(月、季节、年)降水量的减少程度有关。干燥是一个限定在少雨地区的永久性气候、水文特征(预期内);与之不同,干旱则是一种暂时性的失常(超出预期)。由于人口增长、工农业扩张、能源需求增加,过去几十年人类对水的需求成倍上涨,有的地区甚至每年都缺水,气候变化和水质污染也加剧了世界各地的水分短缺。洪水、干旱猛于虎,水文极端事件似乎变得越来越频繁。干旱通过影响地表和地下水资源,可能导致水资源供给不足、水质恶化、粮食减产、生产力降低、发电量减少,还会干扰河岸栖息地并影响大量的社会经济活动。干旱还可能改变区域水文特性,通过影响径流改变水体中泥沙、有机质、营养盐等的运移与分配,从根本上影响江河湖库中的水质[1]。

近几十年,全球大范围持续干旱事件层出不穷,干旱缺水影响的广度、深度及造成的损失也不断升高。干旱影响了众多经济社会部门,其影响范围甚至远远超出干旱自身的覆盖范围。有研究表明,地球一半以上的陆地区域都易遭受干旱影响,可见其分布广泛[2]。更重要的是,这些受干旱影响的地区大多还是全球重要的粮食生产地。统计资料显示,干旱已成为 20 世纪最具有破坏力的自然灾害类型。近些年,各洲大陆均监测到密集的大尺度干旱,欧洲、非洲、亚洲、大洋洲、南美洲、中美和北美地区均不同程度受到持续干旱的影响。例如,过去 20 年美国的干旱发生次数和强度均有显著的增加,干旱造成的损失约占所有气象灾害总损失的 41.2%。过去 30 年,欧洲许多地区的干旱也愈演愈烈,平均每年导致欧洲经济损失超过 53 亿欧元。持续达十余年之久的"千禧年"干旱席卷了澳大利亚全境,引发了热浪、河流干涸、极端缺水和森林火灾等一系列严重后果,对该地区社会经济和生态环境造成的破坏不可估量且将长期存在。人口、经济和政治等原因造成亚洲很多国家和地区的缺水压力倍增,受持续的多年性干旱影响,2000 年以来亚洲中部和西南地区超过

6000 万人口都不同程度陷入粮食和生存危机的泥淖，而不得不接受联合国人道主义援助。非洲西部的严重干旱事件也曾引发大规模的饥荒和人口迁移，并间接促成了联合国防治荒漠化和干旱公约的制定。干旱造成的高昂经济成本和巨大社会代价往往超出我们的想象，因此其关注度也在急剧上升。

干旱缺水对我国农业生产非常不利，旱情已经成为影响粮食和农业生产的常态[3]。据统计，近 10 年来全国平均每年旱灾发生面积大约为 4 亿亩，是 20 世纪 50 年代的两倍以上，平均每年因旱成灾面积 2 亿多亩，因旱损失粮食（减产或绝收）超过 600 亿斤，其影响居各类自然灾害之首。从 20 世纪 50 年代开始，在全球气候变暖和人类活动等众多因素影响下，地球生态环境急剧恶化且遭到不同程度破坏，导致各类自然灾害频发；20 世纪 90 年代以来，我国旱灾呈现频率越来越高、范围越来越广、持续时间越来越长、程度和灾害损失越来越重等特征。例如，1927—1997 年，黄河干流共有 20 年出现断流情况，自 20 世纪 90 年代开始黄河断流起始时间提前、持续时间延长、出现频率明显增加。1997 年的北方干旱导致黄河持续 226 日无流量，是有记录以来最长的断流期。再如，1997 年、1999—2002 年发生在中国北方大部区域的干旱造成了巨大的经济和社会损失。而且，我国干旱发生的范围也在不断扩大。历史上干旱缺水的北方，特别是西北地区一直是旱灾较为集中和高发的区域；但近些年来，我国南方和东部半湿润乃至湿润地区的旱情也呈现出扩展和加重的态势。其中具有代表性的包括：2010 年前后西南五省（自治区、直辖市）遭遇超百年一遇的特大旱灾，给当地群众的生活、生产和社会经济发展造成前所未有的威胁，最终导致巨大的人力和经济损失；近年来频繁出现的长江中下游大面积干旱（如春旱和伏旱）也引起广泛关注。可以说，目前旱灾发生的范围已遍及全国。同时，除农业外，干旱的影响也迅速向工业、城市、生态环境等领域扩展和蔓延，使工农业争水、城乡争水和国民经济挤占生态用水等现象愈演愈烈[4]。此外，干旱可能进一步加剧由于水分失衡而导致的土地沙漠化和沙尘暴等生态环境恶化问题。积极应对严峻的干旱形势、最大程度地缓解干旱不利影响、保障国家全面可持续发展，是我国当前亟待解决的重大经济社会问题和重大科学技术难题。目前，干旱防治问题已被提升至国家战略高度。2011 年中央一号文件明确提出"到 2020 年，基本建成全国防洪抗旱减灾体系，重点城市和防洪保护区防洪能力明显提高，抗旱能力显著增强"的水利改革发展的目标任务，并要求突出加强"提高防汛抗旱应急能力"建设。然而，由于干旱研究基础十分薄弱，缺乏对旱灾形成机理和演变规律的系统性认识，目前干旱管理和防旱抗旱工作与实际脱节比较严重，各级职能部门制定的抗旱规划和应急预案整体上缺乏科学性、针对性和有效性。因此，对干旱的深入研究，特别是针对干旱监测、预测和综合评估指标的研究具有重要的理论意义和实际价值。

在应对干旱发生、缓解旱灾不利影响的过程中，人们对干旱现象及其伴生灾害的认知能力和研究水平也在逐步提高。目前，干旱监测与评估的手段正处于由单一地面站点观测向遥感技术、气候模式、水文模型、陆面模式等多源信息融合与数据同化过渡的阶段。用于监测和评估干旱状态的因子或变量，也由最初的单一变量（如降水量）向多变量综合的方向发展（如同时考虑降水、径流、蒸散发和土壤含水量等）。干旱指标（指数）是干旱定量化的重要工具，因此如何充分利用多源信息干旱监测数据，开发能够融合多种气象、水文变量的多维干旱指标框架与体系，用以综合评判不同时空尺度与精度的旱涝监测结果，无疑也成为当前干旱研究的一个热点问题。干旱监测能够提供大量有关水分收支及其异常变化的原始资料，而干旱指标则是对相关干旱监测信息进行综合与再处理之后的产品。借助合理的干旱指标体系，可以适时地发布干旱早期预警及应急响应，并对未来一段时期的干旱风险进行预测或预估，有利于指导人们有意识地防旱、抗旱，规避干旱风险，从根本上提高社会应对干旱的能力并降低面对旱灾的脆弱性，最终达到由旱时危机管理向平时风险管理的转变。

基于上述研究背景和科学依据，本书首先运用全球不同气候区 12 个WMO 气象站的历史观测气象资料，建立适用于不同气候条件的改进型帕尔默干旱评估通用指标：标准化帕尔默干旱指数（SPDI）和帕尔默联合水分亏缺指数（SPDI - JDI）。然后，根据中国北方黄河流域 1500 个网格的历史观测水文气象数据，驱动并率定大尺度可变下渗能力（VIC）水文模型，建立基于VIC 分布式水文过程模拟的帕尔默干旱指标体系（PDSI、SPDI 和 SPDI - JDI等），并将经过处理的气候模式模拟气象数据作为 VIC 水文模型的输入，通过计算的 SPDI - JDI 指数预估黄河流域未来气候变化情景下的干旱情势。研究旨在进一步修正和拓展传统帕尔默旱度指标的应用范围，丰富干旱监测与综合评估方法，为建立区域干旱监测、预警系统和做出防旱抗旱决策提供科学依据与技术支持。

1.2　国内外研究进展

1.2.1　干旱研究现状与焦点

干旱发生的原因很复杂，一方面取决于大气因素；另一方面还依赖影响水汽的水文过程。一旦水文条件偏干，干旱的正反馈调节机制就开始形成，即：蒸散发速率随着上层土壤水分的消耗而减小，进而大气相对湿度减小，相对湿度越低，在相同低压天气系统下降雨的可能性就越小。除非干旱区外有足够的水分输入，形成足够的降雨才能结束干旱[5]。因此，干旱与其他自然灾害存在不同之处：首先，干旱的起止时间难以准确地界定，通常一场干旱的影响在一段时间内是缓慢累积的，并且在干旱结束以后还可能蔓延数年；其次，人类活动可以直接诱发干旱，比如过度放牧、过度灌溉、乱砍滥伐、过度开采水资源、水土流失（导致土壤蓄水能力下降）等。

1.2.1.1　干旱定义与分类

对于不同的领域和研究目的而言，目前仍然缺乏能够被一致接受的干旱定义。人们最初从气象学角度来定义干旱[6-8]，即认为降水的缺乏或持续偏少是干旱的主要特征。随着研究的深入，由于降水不足而逐步导致的系统性水分供需失衡及其各方面的影响均被用来定义不同类型的干旱[9-15]。精确定义干旱的困难主要在于水文气象变量和社会经济因子的差异，以及不同研究区域需水的随机性。20 世纪 60 年代 Yevjevich 就指出，对干旱定义的分歧是研究干旱的首要障碍[16]。在定义干旱时有必要区分概念性定义和操作性定义[17]。概念性定义，譬如干旱是一段持续时间长的干燥期，是相对操作性定义而言的，而后者试图识别干旱的起止时间、严重程度。一般化的操作性定义可以用来分析干旱的频率、严重程度以及历时等特征属性[18]。因此，干旱的定义非常多，取决于描述干旱所采用的不同变量，且与所研究干旱的类型密切相关。目前，被广为接受的干旱分类包括[14,17,19]：气象干旱[20-23]、水文干旱[24-28]、农业干旱[29-32]和社会经济干旱[33-35]。大多数研究都主要讨论以上 4 类干旱，而地下水干旱则可能成为一种新的干旱类型，其时间尺度一般为数月至数年[36,37]。从根源上看，地下水干旱也是由降水亏缺导致的，降水不足导致土壤水减少，进而影响地下水补给；同时，人为过度开采还可能直接诱发地下水干旱[38]。

1.2.1.2　干旱定量化识别

干旱的影响是非结构化的，而且其影响范围非常广。较之洪水、飓风、地震和龙卷风，干旱并不破坏水体结构，而是在水资源结构方面影响水体。正因如此，干旱影响的识别和定量化研究相对比较困难[39]。目前研究通过对观测水文、气象要素（如降水、径流、水库水位、土壤湿度、地下水水位等）时间序列直接进行分析[36,40]，或对根据各类观测变量构建并计算的干旱评估指标时间序列进行分析[41,42]，提取不同干旱事件的历时、烈度、强度、影响面积等特征属性。游程理论是当前干旱分析中一种最基本也是最重要的方法。Yevjevich 最早将游程分析用于识别和分析水文干旱事件的历时、严重程度和强度等特征变量[16]。游程分析最基本的元素就是截取水平或阈值（常数或时间函数），其基本原理为：以某一段代表旱涝状况的时间序列（观测变量或计算指标）定义一种机制，其中所有的值要么高于、要么低于设定的截取水平，相应地称为正游程或负游程。一般采用负游程表示识别的干旱事件，通过游程的各种特征，可以确定相应干旱事件的开始时刻、结束时刻、历时、烈度和平均强度等特征变量，从而进行其他定量化分析。例如，观测变量或计算指标连续低于截取水平的负游程长可以作为干旱历时，而相应时段内的累积亏缺量（负游程和）即被定义为干旱烈度。在进行游程分析时，阈值的选取将直接影响干旱变量（历时和烈度等）的提取结果；同时，截取水平（阈值）也可以不止一个，多阈值方法相较于传统的单阈值方法可能更具合理性和优势[43,44]。另外，由于不同时空尺度下的降水、径流等观测变量差别很大，容易受到可比性等局限，因而由各类观测变量计算客观指标是目前干旱识别与定量化研究的重要途径，国内外各类干旱指标（指数）的研究进展将在后面进行详细分类阐述。

1.2.1.3 干旱模拟与频率分析

干旱模拟与频率分析主要从水文气象要素（降水、径流和土壤含水量等）或干旱指标（指数）变化的随机性着手，对干旱历时、烈度和影响面积等特征变量进行概率描述，以揭示干旱的发生频次和时空分布规律[45]。近些年来干旱频率分析研究众多、发展迅速，逐步形成了由单一站点到区域干旱频率分析的理论与方法体系，旨在更全面地表达干旱的点、面特征及其联系与发生规律。点干旱频率分析主要针对单个站点的干旱历时和烈度等特征变量，包括样本获取、样本统计规律分析、统计模型构建、根据统计模型进行推断与频率计算等方面的内容[45]。在单变量干旱频率分析中，各种常见的频率分布类型也常被用来描述干旱历时和烈度等特征变量的随机特性。同时，各种非参数方法和经验频率曲线也被用来确定干旱特征变量的频率分布，进而估算不同干旱特征值所对应的概率和重现期[28,46-49]。然而，干旱的历时、烈度、平均强度和影响面积等多个特征属性之间具有不同程度的相关性，对单个变量独立的频率分析无法全面客观地反映干旱的真实特征。近十几年，干旱多变量频率分析方法取得长足发展，其能同时考虑多个干旱特征变量，通过联合分布来描述干旱变量之间联合概率特性，能够更加全面、合理地描述干旱的随机特征。其中，Copulas 函数在构造联合分布时对边缘分布没有限制，可以描述变量间复杂的相关结构，特别是可以捕捉到非正态、非对称分布的尾部特征，是多变量干旱频率分析中目前使用最多的方法[50-52]。该方法能够较全面地描述干旱的多变量频率特征，是一种简便、通用、有效的干旱多变量频率分析方法，是目前研究的一个热点[53-59]。另一方面，干旱的影响具有显著的区域性，离散站点的频率分析不能很好地反映干旱特性在连续空间上的分布与区域特征。在点干旱频率分析的基础上，区域干旱频率分析逐渐被用于研究干旱的空间分布规律和区域特征，其主要途径包括[60-63]：①利用降水、径流等水文气象要素或者干旱指数值、干旱历时和烈度等特征变量的等值线图或基于网格的空间分布图等，直观描述干旱在空间上的分布特征；②以区域干旱历时、强度和面积等作为区域干旱特征，将区域作为一个整体对其干旱特征进行频率分析，具有代表性的包括干旱烈度-面积-频率和干旱强度-面积-历时等区域干旱特征曲线；③将研究区划分为若干一致区，对各一致区分别进行类似于站点的频率分析，以达到在空间上反映干旱区域特征的效果。聚类分析和线性矩法常被用来划分和检验一致区，Copulas 函数则被用来构造各分区干旱历时和烈度等的联合分布，以实现区域、多变量频率分析的双重目标。区域干旱频率分析力求揭示干旱影响的空间分布和区域性，是干旱频率分析最重要的发展方向[45]。

1.2.1.4 干旱监测、评估与预测

由于干旱形成的复杂性及其影响的深远性，精确地监测干旱的开始、结束和持续时间，定量化地评估干旱的强度、覆盖范围及其综合影响都是十分困难的[64]。对于不同类型的干旱，判断干旱开始、结束时刻及其他评价标准也差别很大。为了监测和研究干旱及其变化，人们利用较容易获得且有长期观测记录的降水量、气温等气象要素，发展了众多干旱指数，这些客观指数的建立为干旱定量化研究提供了有效工具。各类干旱指数包含了降水、气温、蒸散发、径流、土壤含水量、地下水位和积雪等多种基础资料，最终形成一系列用数字表示的指标值。对于相关领域的决策者和使用者来说，干旱指数比原始观测资料更加直观，综合性与可利用性也更强。为了积极应对干旱，许多国家的研究人员在干旱监测和评估方面做了大量工作，各种地面自动观测站网和空间遥测技术等立体化监测手段的综合运用，使得各国建立的干旱监测业务化系统在实际中发挥的作用越来越明显，例如中国气象局国家气候中心研制开发的"全国旱涝气候监测、预警系统"和美国干旱减灾中心、海洋大气局、农业部共同建立的美国干旱监测系统（USDM）等。在干旱监测和评估的基础上，对未来一段时期的干旱情势进行有意识的预测，对干旱预警、风险管理和防旱减灾等工作具有重要意义。干旱预测所依赖的输入变量和基础数据与所要预测的干旱类型有很大关系。例如，降水量是气象干旱最重要的预测因子，径流量、水库、湖泊水位与水文干旱预测密切相关，土壤含水量和作物产量则被用来预测农业干旱。根据上述观测要素和数据计算的各类干旱指数经常用于预测未来一定时期的干旱程度及干旱特征（历时、烈度和影响面积等）。目前，干旱的预测方法主要包括以下几类[65-78]：①回归分析（一元与多元、线性与非线性）；②时间序列分析（各种季节与非季节随机模型）；③概率预测模型（如各阶齐次与非齐次马尔科夫链及其他概率转移模型）；④人工神经网络模型（多层网络非线性智能训练灰色模型）；⑤混合模型（如小波变换与人工神经网络、模糊逻辑等的混合模型）；⑥长期干旱预测或预估（如大尺度气候因子、大气环流模

式和天气数值模拟等）；⑦数据挖掘技术（用于有效遴选预测要素或因子）。相比干旱监测与评估，干旱预测的理论、方法和应用均很不成熟，可靠性还很低。全球范围内，真正业务化运行的干旱预测预报系统也极少。利用安置在土层内的热点传感器探测土壤湿度，或通过卫星遥感技术与反演算法的升级获取可靠度较高的大范围土壤湿度数据，通过分析土壤湿度的变化提前数月预测干旱的来临，可能是未来干旱监测和预测技术革新、准确性取得飞跃发展的重要途径[64]。

1.2.1.5 干旱风险评估与管理

对于干旱研究，目前最重要也最具意义的改变在于，人们更加强烈地意识到必须逐步摒弃传统的干旱危机管理，进而转向更科学、高效的干旱风险管理。过去人们往往在干旱灾害的影响出现以后，才开始采取各种行动和补救措施，以图缓解旱灾的不利影响，最终得到恢复，这是一种面对干旱危机时的被动响应过程。相反，干旱风险管理以科学研究作为基础，利用干旱监测站网、干旱早期预警及信息发布系统，并根据干旱规划与应对方案，由国家、地方各级决策部门进行指导与协调，尽可能在干旱前期甚至干旱还未形成之前，就具备降低预期干旱风险的策略和能力，这是一种主动应对干旱的过程，而针对旱灾影响的救助行动与措施仅作为干旱风险管理的补充。近年来，世界各国都在积极、主动应对干旱，在提高干旱风险评估与管理水平方面有所行动。例如，美国干旱减灾中心（NDMC）的"十步骤干旱规划"集中体现了干旱风险管理的理念，明确提出了在国家层面上如何及时采取科学的手段、方法和措施，有效规避干旱风险或应对旱灾的不利影响[79]，其中详细阐述了干旱规划的目标、应对干旱的组织管理、干旱规划制定者与潜在受益者之间的合作等方面的内容，很多理念和方法在世界范围内得到广泛的应用。澳大利亚、印度、非洲等受干旱影响严重的国家和地区，在干旱预警、制定干旱规划与政策、开展干旱风险管理的方面也进行了大量的尝试。我国干旱灾害发生频繁且旱灾损失非常严重，为了不断提高防御干旱灾害的能力，有针对性地开展防旱、抗旱工作，国内学者对干旱静态和动态风险分析与评估的研究工作也取得了一些成果[80-83]。彭贵芬等[82]根据实时旱情综合监测、干旱气候特征分析、承载体脆弱性分析、静态气候风险分析和影响时段内动态风险预估等手段，证实了我国云南大部地区在2009—2010年所面临的巨大干旱风险，以及由此带来的严重后果。金菊良等[83]根据旱灾风险的形成机制，在旱灾风险评估基本概念分析的基础上，系统地阐述了旱灾风险系统的组成、旱灾风险评估方法论与旱灾风险评估理论模式、旱灾风险评估方法体系、旱灾风险评估应用模式体系等，它们共同构成了旱灾风险评估的初步理论框架。相关成果和研究工作有利于提高政府部门决策水平和社会应对干旱风险的能力。此外，在干旱应对策略和应急服务方面，各省（自治区、直辖市）气象部门根据相应省份实际情况建立的干旱灾害应急预案也可以作为未来干旱风险管理的前期基础工作。但从国内外实践来看，干旱风险评估与管理的研究基础仍较为薄弱，远未形成完整的体系，特别是缺乏具有可操作性的旱灾风险评估理论框架和方法、技术体系[83-85]，是未来干旱领域异常艰巨和最具挑战性的任务与研究课题。

1.2.2　干旱指标（指数）研究综述

过去几十年发展了多达上百种干旱指标或指数。通常干旱指数是评估干旱影响、描述不同干旱参数（强度、历时、严重程度和空间跨度等）的基础。干旱指数一般根据干旱本身的定义进行分类，如气象干旱指数、水文干旱指数和农业干旱指数等。然而近年来出现许多旨在量化干旱多方面影响的综合干旱指标（指数）。本书仅选择国内外具有代表性的干旱指数，通过其产生的原理进行归纳介绍[14]。

1.2.2.1　简单干旱指标

早期使用的干旱指数大多是在研究气象干旱的过程中建立的，因而降水量指标在其中占据重要地位。例如，连续无有效降水日数（如连续 15 天无有效降水）很早就被作为监测干旱的指标，不同地区对连续日数和有效降水量阈值的规定有所不同，一般认为连续无有效降水时间越长，干旱越严重。某一时段内降水量的观测值也曾被直接作为定义干旱的标准，如连续 15 天的降水量小于 1.0mm，21 天及以上的降水量少于其平均值的 1/3，月降水量和年降水量分别少于相应平均值的 60% 和 75% 等。我国也曾定义某时段降水量的百分数在 60%～80% 为轻旱，40%～60% 为中旱，小于 40% 为大旱[86]。降水量分位数，即将长时间序列的降水量按大小顺序进行排列并分组，以实际降水量在长时间序列中所占的分位数作为判定干旱发生和严重程度的指标，如降水成数或十分位 Deciles 指数[87]。降水量距平百分率是降水量距平值与多年平均同期降水量的比值，是一种非常重要的干旱指标，其负值越大，干旱越严重；降水异常指数 RAI[88]、Bhalme 和 Mooley 干旱指数 BMDI[89] 等都属于这类指数。它们的优点是计算方法较为简单、应用非常普遍。目前我国中央和地方各级气象台站还都在不同程度地使用降水量距平百分率来评价旱涝状况。然而，这类指数的缺点也很明显：其一，它们仅考虑到降水量，而未考虑蒸散发和下垫面状况，所得的旱涝情况与实际可能有出入；其二，降水量一般服从偏态分布，其多年平均值和中位数往往差别较大，且由于降水量时空分布迥异，不同地区降水量偏离正常值的程度及其出现频率很难直接进行比较[64]。Z 指数对降水量进行了必要的转化，然后根据计算的 Z 值划分干旱等级，在我国曾得到广泛使用，早在 1995 年国家气候中心就据此监测全国各地的水分条件和干旱状况。类似于降水距平的指标也被用于水文干旱的评估，如采用月径流量占平均径流量的百分比来表示，径流量距平小于−30％代表枯水，−30％～−10％代表偏枯，大于−10％则为正常或偏丰[86]。观测土壤含水量也被用来判断农业或土壤干旱的程度，如土壤相对含水率小于 40％为重旱，40％～60％为中旱，60％以上为适宜或偏湿[86]。干燥度和湿润度也是一类重要的干旱指标[90]，其中蒸发能力与降水量之比称为干燥度，其倒数则为湿润度。以此来衡量水分收支状况时，能在一定程度上考虑下垫面条件，但只能通过充分供水条件下的土壤蒸散发量估算蒸发能力，不能有效反映作物实际需水过程和土壤供水情况。采用干燥度和湿润度确定干旱的等级，更多的是一种气候意义上的划分，对了解某些地方的气候类型很有帮助，但对于降水量差异大的地区，干旱监测有很大的局限性[86]。

1.2.2.2　帕尔默干旱指标

20 世纪 60 年代，针对美国中西部地区的气象干旱问题，帕尔默提出了一整套分析计算干旱严重程度的方法及一系列相关度量指标，帕尔默干旱强度指数（PDSI）是其中最重要的一个指数[9]。在 PDSI 的推导过程中，帕尔默创造性地提出了"气候适宜降水量"，即 CAFEC（Climatically Appropriate for Existing Condition）降水的概念，运用实际降水与 CAFEC 降水之间的差值反映某一地区特定时刻的水分异常状况（干或湿），通过对这一偏离加以适当限制，得到能够用来进行时空比较的干旱严重程度指标（即 PDSI）[91]。在物理机制上，PDSI 能够考虑影响干旱形成的一系列水文气象变量或因子，例如降水量（包括前期降水量）、蒸散发、土壤水和径流等。PDSI 从诞生开始就被广泛用于评估世界各地的干旱，并逐渐发展成为一种干旱分析的标准模式[92,93]。与 PDSI 类似，帕尔默干旱指标体系还包括修正帕尔默干旱指数（PMDI）[94]、帕尔默水文干旱指数（PHDI）[95,96]和帕尔默水分异常指数（即 Z 指数，ZIND）[97]。其中，PMDI 是对 PDSI 的改进，其目的是尽可能实现旱情实时监测；PHDI 适用于描述干旱的水文效应，能够监测较长期的水分供给情况；ZIND 通常可用来衡量短期（单个月份）的水分干湿状况。由于侧重点不同，这 4 类帕尔默干旱指标在实用中也存在明显差异。PDSI 和 PMDI 一般作为监测气象干旱的重要工具；由于 PHDI 能够考虑水循环引起的干湿效应，可以用来推断水文干旱的发生；ZIND 则主要反映短期内的水分异常状况，能够据此分析干旱对农业生产的潜在影响。这几类帕尔默干旱指标都被频繁用于世界各地的干旱监测和水资源管理，其中 PDSI 指数的改进和应用更为突出[92,93,98-102]。然而，Alley 深入研究了 PDSI 的内在结构，指出 PDSI 在量化干旱特征和划分旱涝等级时，存在很大的主观随意性；同时，PDSI 难以用来进行准确的时空比较，这很大程度上缘于 PDSI 值的标准化过程，即仅根据有限站点的输入资料建立和率定模型[103]。Heddinghaus 和 Sabol 的研究也得到了类似的结论[94]。针对这一问题，Wells 等在 2004 年提出了一套计算 PDSI 的自适应算法，试图通过单站历史气象观测资料来确定仅适用于当地的气候参数，从而取代运用若干站点资料率定一套普适参数的传统做法[104]。尽管自动率定过程相当复杂，其改进指数 SC-PDSI（Self-Calibrating PDSI）相对于早期 PDSI 的计算结果还是显示出更好的时空稳定性和可比性。但即便如此，PDSI 的旱涝等级划分较为主观、内在时间尺度固定（通常为 8-12 个月）等问题影响其在实际中的应用。此外，Wells 等[104]在推导 SC-PDSI 的过程中，仍然保留了帕尔默最初对气候特征（climatic characteristic）的处理方法[9]，即通过半对数回归方程得到气候特征的近似值，这样在计算特定地点的干旱指数时将不可避免地依赖其他参考站点和数据，在一定程度上削弱了单一站点完全意义上的自适应算法。

1.2.2.3 标准化干旱指标

标准化降水指数（SPI）是标准化干旱指数（SI）的起源和最杰出的代表。McKee 等 1993 年在研究干旱的多时间尺度特性时，提出了 SPI 指数，可以较好地解决 PDSI 所面临的固定时间尺度问题[105]。SPI 采用相同的偏态分布（例如 2 参数伽玛分布）拟合降水量序列的经验频率，通过近似正态化处理计算不同时间尺度（即降水量累积步长）所对应的干旱指数，由此得到的 SPI 值在任何地点不同时间尺度下具有稳定的频率，可直接用于时空对比分析。SPI 计算简单、具有多时间尺度分析优势，因而获得了广泛的认同并被用于干旱监测和不同类型的水资源管理[106,107]。只要有较长序列的降水数据，就可以计算出标准化降水指数（SPI），其中降水序列服从某种概率分布，将此分布转换为标准正态分布，那么计算出的 SPI 均值和标准差近似为 0 和 1。SPI 最大的优势就是具有不同时间尺度的通用性，不仅能监测短期水分的供给，如对农业很重要的土壤含水量，还可以监测长期水资源状况，如地下水供给、河川径流量、湖泊及水库水位等。土壤含水量对降水异常的响应时间较短，而地下水、河川径流、水库蓄水量对降水异常的响应时间较长。Keyantash 和 Dracup 根据普适性、实用性、易理解性、理论性、时效性和无量纲性等 6 个权重评价标准，对世界范围内使用较多的 14 种干旱指数进行定量评价，认为 SPI 各方面的综合表现要远优于其他指数，是一种非常有潜力与价值的干旱强度评估指数[108]。正因为如此，SPI 被大量用于不同层面的干旱研究，如干旱预测、频率分析、时空分析和气候影响研究等，成为迄今为止影响最大、使用最广泛的干旱指数。然而在大量运用的同时，SPI 指数也饱受质疑。主要因为 SPI 仅能反映降水不足可能对干旱的影响，而不能反映其他水文气象因素（如蒸发需水和土壤水分）对干旱形成的作用，因而是不全面的。但本质上，SPI 的标准化处理方法并不仅仅是一种简单的干旱指标计算，而是根据等概率原理将偏态分布转换为标准正态分布的过程与算法，具有普遍意义[109]。在标准化降水指数（SPI）的基础上，一系列类似的干旱指标也得到迅速发展并广泛应用于干旱监测与评估中[107,110,111]。这类指标可统称为标准化干旱指数（SI）。根据考虑因素的不同，常见的 SI 包括标准化径流/流量指数（SRI/SSFI）[112,113]、标准化降水蒸散指数（SPEI）[114]和标准化土壤水分指数（SSI）[115]等。计算简便、能够满足多时间尺度分析、不同时空尺度下具有稳定的频率和较好的可比性，这些都是标准化干旱指数（SI）共同的优点，因而各类 SI 指数应用和发展迅速，已经成为继 PDSI 之后又一类最具代表性的干旱评估指标。然而，大部分的 SI 指数都缺乏明确的物理机制，且在量化干旱的严重程度及其影响时所能考虑的因素还比较单一。

1.2.2.4 多变量综合干旱指标

干旱的影响通常表现为多个方面，采用单一指标或指数不能全面反映复杂的干旱状况及其影响。因此，通过不同途径融合多种与干旱形成密切相关的变量和指标，产生了一系列从总体上评估不同时空尺度水分条件和干旱状况的多变量综合干旱指数，成为最近几年干旱指标研究的热点和主要发展方向[116]。

1. 主、客观混合方法

美国干旱减灾中心、海洋大气局和农业部合作开发的美国干旱监测产品 USDM 是主、客观混合干旱指标中最成功的案例。USDM 拥有一套严密的客观评价指标体系，主要包括若干关键性指标（PDSI、SPI、标准降水百分位数、周径流量百分位数、CPC 土壤湿度百分位数和 Keetch-Byram 干旱指数等）和一系列反映干旱影响的辅助性参考指标（如作物生长季的表层土壤湿度、卫星遥感植被健康指数、地下水位、水库蓄水量、草地或牧场生长情况等）。由遍布美国各地的数百名气候气象学专家提供，大量有关干旱局地影响的主观判断等定性信息，被用于检验并进一步调整 USDM 的客观评估结果。实践表明，上述主观、定性评判信息的加入，对于提升 USDM 作为业务化干旱监测产品的准确度和实用性大有裨益，奠定了 USDM 主、客观混合的本质特性。在 USDM 之后建立的北美干旱监测系统 NADM 也是此类干旱指标的代表，基本上延续了 USDM 的系统框架和干旱评估体系。此外，还出现了某些短期和长期的客观指数综合体，用以弥补 USDM 监测结果中可能出现的误判。短期指数综合体包括的指标及其权重主要有帕尔默 Z 指数（35％）、3 个月降水量（25％）、1 个月降水量（20％）、CPC 土壤湿度（13％）和 PDSI（7％）；长期指数综合体包括的指标及其权重主要有 PHDI（25％）、12 个月降水量（20％）、24 个月降水量（20％）、6 个月降水量（15％）、60 个月降水量（10％）和 CPC 土壤湿度（10％）[116]。其中不同客观指标权重的赋值具有主观、经验性，因而这些短期和长期指数综合体也可以被视为主、客观混合的综合干旱指标。

2. 水量平衡模型方法

干旱的形成涉及一系列非常复杂的因素，特别是区域水分条件和水文循环过程。水量平衡模型能够量化不同源汇的水分供给与需求等关键水文分量，因而成为发展多变量综合干旱指标的一个重要途径。例如，帕尔默旱度模式本身就是一个比较理想的多变量干旱指数的雏形和理论框架，它采用两层土壤水平衡模型来描述土壤的失水和补水过程，尽管该模型非常简单且对很多物理过程予以概化，但它仍然能在一定程度上反映降水、蒸散发、径流和土壤含水量等众多水分状况的变化，具备刻画干旱不同侧面影响（气象、水义和农业）的特质与潜力。帕尔默旱度模式的核心在于它定义了气候适宜降水量，并将其作为水文循环过程中总的水分需求量，而气候适宜降水量的估算考虑了蒸散发、土壤失水与补水、径流等诸多水分动态变化；相应地，将实际降水量作为水文系统总的水分供给量，然后采用实际降水量偏离气候适宜降水量的水分异常代表某一时刻的干湿状况。PDSI 便是根据此土壤水量平衡模型推导而来的，其优点就是能够考虑降水和气温共同对蒸散发、土壤含水量和径流等的影响作用；尽管存在很多不足和局限，PDSI 仍然是世界范围内监测干旱最常用的指数之一。当然，PDSI 的缺陷与它所使用的简化土壤水平衡模型、指数的标准化方法和可能蒸散量的估算方法等都有一定关系。此外，其他水量平衡模型，特别是应用比较成熟的水文模型所包含的水量平衡模块，能够定量模拟与干旱形成有关的各种物理过程，据此也发展了一些多变量干旱指数，用以评估干旱不同方面的综合影响[117]；这类指数的可靠性主要取决于数值模型对实际水文过程的模拟精度。

3. 潜在变量转换方法

两个或多个观测变量通过数学转换（比值或作差）得到的中间变量，如果具有一定的物理意义，也能够被用来构建多变量干旱指数。例如，降水量和蒸散发量的差值可以被定义为一个新的潜在变量，用以衡量水分的亏缺或盈余状况，尽管并非通过直接观测获得，该潜在变量实际上包含了降水和蒸散发的所有信息，根据单个潜在变量构建的干旱指数也因此具有多变量的特性。这类多变量干旱指数中具有代表性的包括勘察干旱指数（RDI）[118]和标准化降水蒸散指数（SPEI）[114]，它们的计算与应用方法和 SPI 等单变量干旱指数非常类似。但不同于 SPI 仅考虑干旱对降水亏缺的响应，RDI 和 SPEI 都将观测降水量（P）和可能蒸散发量（PET）分别作为系统的输入项（水分供给）和输出项（水分需求），进而根据水分收与支的对比情况判定具体干旱状况。RDI 定义的潜在变量为 P 和 PET 的比值，即 $r = P/PET$，它可以在不同时间窗宽下（3、6、12 个月等）进行滑动计算，若采用合适的偏态分布（如对数正态或伽玛分布）拟合 r 的滑动累积序列，通过类似于 SPI 的偏态分布正态化过程，即可进一步得到标准化 RDI 指数。类似地，SPEI 采用的潜在变量为 P 和 PET 的差值，即 $d = P - PET$，其不同时间窗宽（如 6 个月）的滑动累积过程与 SPI 完全相同，而在标准化转换时则采用 3 参数对数 Logistic 分布作为滑动累积序列 d 的理论频率分布。因此，RDI 和 SPEI 本身具有 SPI 计算简便、多时间尺度分析、稳定的频率和较好的时空可比性等优点；同时它们也在一定程度上弥补了 SPI 仅能考虑水分输入的关键缺陷。这类干旱指数的局限在于不方便考虑更多与干旱形成有关的要素。此外，潜在变量 d 实际上是 Thornthwaite 在 1948 年提出的一种气象学水量平衡[119]，因而 SPEI 也可以被视作基于水量平衡方法的多变量干旱指数。

4. 多元线性组合方法

通过线性组合能够同时反映多个要素或变量对干旱形成的影响，尽可能全面地获取干旱相关信息，其关键在于恰当地确定备选干旱变量或指数的权重等有关参数。我国气象部门在全国干旱监测与评估业务中所使用的综合气象干旱指数（CI），就是此类型中应用较早且具有代表性的多变量干旱指数[64,120]。CI 指数由近 30 天（月尺度）和近 90 天（季尺度）降水量的标准化降水指数（SPI），以及近 30 天的相对湿润度指数 $[M = (P - PET)/PET]$，通过线性组合的方式得到，三者线性组合系数的平均值分别取 0.4、0.4 和 0.8。CI 指数既能反映短时间尺度（月）和长时间尺度（季）降水量气候异常情况，又能反映短时间尺度影响下农作物生长的水分亏欠情况，适合实时气象干旱监测和历史同期气象干旱评估。由于气象干旱是其他专业性干旱研究和业务的基础，根据 CI 指数确定的气象干旱等级很大程度上也适用于水文、农业、林业、社会经济等行业部门的干旱监测与评估[121]。其他基于多元线性组合的综合指数包括：①北美陆面数据同化系统（NLDAS）优化组合干旱指数（OBNDI）[122]，由一系列观测要素、客观指数和陆面模式数据综合得到，各项的权重系数通过与 USDM 干旱等级和面积进行匹配的优化算法统一确定；②总平均干旱指数（GMI）[123] 和微波遥感综合干旱指数（MIDI）[124]，前者由陆面模式数据计算的标准化降水、径流和土壤含水量百分位数组成，后者则基于微波遥感的降水、气温、土壤水分和植被条件等，两者各要素的线性组合系数均由经验方法确定。由于各方面输入对干旱的影响可能是非线性的，且各要素之间也存在复杂的响应关系，因而线性假设本身存在局限。此外，线性组合中各分项的系数或权重很难真正通过客观方法确定，大多都带有不同程度的主观经验性。

5. 多元联合分布方法

根据多个观测要素（降水、径流和土壤含水量）或指数构建多变量综合干旱指标时，所面临的一个关键问题就是各变量之间存在复杂的物理联系和非线性关系。通过建立多变量联合分布能够较好地解决这一问题，但由于多变量分布的参数模型非常有限，Copulas 便经常被用来联结多个边缘分布构造其多元联合分布函数。Kao 和 Govindaraju 依据这一思路构建了联合干旱指数（JDI）[125]。首先采用不同时间尺度降水量和径流量累积序列所对应的指数（SPI 和 SSFI）作为边缘分布，其次采用经验 Copula 函数计算相应边缘分布的联合概率，然后根据 Kendall 分布函数将计算的联合概率转化为一维概率测度，最后将 SI 的标准化策略用于此概率测度，即得到标准化的 JDI 指数值。JDI 的优点在于：①Copulas 多元联合分布能够较好地考虑多个变量之间（如不同时间尺度降水和径流）异常复杂的非线性相关结构和联合概率特性；②由多元联合概率所表达的联合亏缺能够综合考虑多种干旱相关要素或指数的影响（如降水和径流），有利于从不同侧面（气象、水文或农业）反映总体水分亏缺状况。多变量标准化干旱指数（MSDI）[115]与 JDI 所采用的思路和方法比较类似，不同之处在于其边缘分布为相同时间尺度降水量和土壤含水量累积序列所对应的指数（SPI 和 SSI），因而 MSDI 的时间尺度与相应边缘分布一致（如3、6 和 12 个月），仍然能够用于多时间尺度分析。国内也有采用类似方法将多时间尺度 SPEI 作为边缘分布构建 JDI 指数并用于干旱分析的研究[126]。本质上，JDI 和 MSDI 都是多变量意义上的 SI 指数。这类多变量干旱指数的局限在于，当所要考虑的变量数目较多时，联合分布构建及计算的困难将急剧增加，容易发生"维数灾"。此外，多元联合分布主要考虑了不同变量或要素的统计特性，在反映物理过程方面可能存在欠缺。

6. 主成分分析方法

主成分分析方法很早就被用来研究多个气候因子或指标与干旱综合影响之间的关系[127]。主成分分析是考察多个变量间相关性的一种多元统计方法，其目的在于通过少数几个主成分来揭示多个变量间的内部结构，即从原始变量中导出少数几个主成分，使它们尽可能多地保留原始变量的信息，且彼此间互不相关。通常数学上的处理就是设法将原来众多具有一定相关性的变量或指标，通过线性组合的方式重新生成一组新的互相无关的综合指标来代替原来的指标。集合干旱指数（ADI）[128]便是基于主成分分析方法的一种多变量综合干旱指数。ADI 的原始输入变量包括降水量、径流量、土壤含水量、蒸散发量、水库蓄水量、融雪径流等诸多气象水文因子，然后根据主成分分析方法选择方差最大的变量线性组合，即第一主成分，其所包含所有原始输入变量的综合信息最多，将第一主成分与相应样本标准差的比值即作为 ADI 指数值。其中，第一主成分中各分项的线性组合系数根据原始输入变量相关系数矩阵第一特征值所对应的特征向量进行确定。通过第一主成分，ADI 能够较好地反映包括气象、水文和农业等影响在内的综合干旱信息。国内学者采用主成分分析方法构建多变量指数用于干旱综合评估的研究也较多[129-132]，该方法的优点是简便、灵活，很容易处理加入更多的变量或要素，以尽可能全面地评估干旱的综合影响。然而，线性转换假设和方差越大信息量越大、权重也越大的假设可能是这类干旱指数的主要局限。此外，为保证原始输入变量所包含的信息得到较好的保留，对各主成分的累积方差贡献率有较为严格的要求（如 85% 以上），当涉及的主成分数量较多时（第一、第二、……、第 n 个主成分），主成分分析的过程也会相应变得比较复杂。

1.2.2.5 其他干旱指标

除上面介绍的各类指标或指数以外，还有其他不少干旱指数的应用也较广。例如，作物水分指数（CMI）[133]和地表供水指数（SWSI）[134]。CMI 主要用于评估短期（如每周）水分状况对农作物生长的影响，在其基础上又发展了土壤水干旱指数（SMDI）和特定作物干旱指数（CSDI）。CSDI 又可分为玉米干旱指数（CDI）和大豆干旱指数（SDI）等。SWSI 主要用来监测地表水源供给的异常情况，其输入变量包括降水量、径流量、水库蓄水量和积雪量，作为典型的水文干旱指数，SWSI 最大的特点在于能够有效考虑融雪径流，是对其他干旱指数的重要补充。基于卫星遥感数据建立的干旱指数也具有广泛应用。例如，归一化植被差异指数（NDVI）[135]、植被条件指数（VCI）[136]和植被干旱响应指数（VegDRI）[137]等。其中，NDVI 应用最早且影响最大，VCI 和 VegDRI 都是在其基础上发展起来的植被遥感指数，这类指数的共同特点就是能够较好地反映植物生长期（如夏季）干旱缺水在较大空间范围内的影响。VCI 能够用于监测干旱的开始、持续时间、强度及其对地表植被的影响等。VegDRI 则是一种融合多源遥感数据和气候指标的多变量干旱指数；作为混合模型，VegDRI 集合了 2 种卫星遥感 NDVI 指标、2 种气候因子干旱指数（SPI 和 SC - PDSI）和 5 种自然界生物物理过程相关变量，然后通过多元线性回归模型量化干旱对植被水分胁迫的影响程度与空间分布特征。此外，一系列基于遥相关的全球大尺度气候指标（如海平面气温、太平洋年代涛动、厄尔尼诺和拉尼娜等）也常被用来研究干旱的区域影响。相距甚远的地区同时受到大尺度大气环流模式变化的影响，即大气循环的远程联系。目前有许多指数用于衡量海洋和大气参数的变异性，比如南方涛动指数（SOI）、多元南方涛动指数（MEI）、太平洋—北美涛动指数（PNA）、太平洋年代际振荡指数（PDO）和北大西洋涛动指数（NAO）等。研究结果表明，气候的变异性将在一定程度上影响区域水文活动，进而影响干旱和洪涝等自然灾害的发生，但其中的因果联系还有待进一步的深入研究[37]。

1.2.3 水文模型和气候模式在干旱研究中的应用

干旱的覆盖面积一般较大，且具有很强的时空变异特征，因此，亟需在精细尺度上进行监测与评估，考查相应干旱的时空分布特性。然而，与干旱有关的局地观测数据往往非常有限，远不能满足这一要求，比如空间连续分布的土壤含水量和径流量实测数据就十分匮乏。最近 20 多年来，一系列分布/半分布式水文模型逐渐成熟并得到成功应用，它们通过严格的数学物理方法有效模拟陆地表面水分和能量的交换与循环过程，为网格尺度的干旱监测奠定了更可靠的水文基础[112]。其中，北美陆面数据同化系统（NLDAS）[138-141] 具有较大影响，美国华盛顿大学（UW）和国家环境预测中心（NCEP）开发的干旱监测系统均采用 NLDAS 模拟数据集作为其重要的输入源。UW 和 NECP 系统都集合了多个陆面模式和水文模型的结果，可变下渗能力（VIC）模型便是其中模拟近地表面水分和能量平衡的重要工具之一。作为大尺度水文模型中的佼佼者[142]，VIC 模型的模拟结果被成功应用于干旱分析与研究[143-145]。除降水以外，长系列土壤含水量和径流深的模拟结果可以作为分析干旱的重要替代数据。例如，Mo[146] 分别采用 NLDAS 产品中模型输出的网格化降水量、土壤含水量和径流深来监测与评估气象、农业和水文干旱。尽管土壤含水量的模拟值受水文模型和气象驱动数据的影响较大，其结果可能随具体模型和输入数据的不同而差别很大，但研究表明，土壤含水量的异常值（偏离正常值的程度）序列受此影响较小，不同模型得到的模拟结果也非常接近[147]。换言之，即使不同水文模型模拟的土壤含水量之间差别较大，采用其模拟的土壤含水量异常变化序列仍然能够获得较为可靠的干旱监测与评估结果[146]。国内不少学者也分别采用包括 VIC 在内的各种分布式水文模拟结果，研究流域或区域干旱的形成机理和时空变化特征。例如，许继军和杨大文[148] 采用大尺度 GBHM 分布式水文模型，结合 PDSI 干旱模式原理，建立了干旱评估预报模型 GBHM - PDSI，据此研究了我国长江上游历史旱情的地区差异、随时间的演变过程和旱情综合评估等，并结合气象信息对旱情发展进行推演预报；徐静等[149] 建立了基于双源蒸散与混合产流的 Palmer 旱度模式，并将其用于研究我国北方半干旱地区老哈河流域的历史干旱特征，通过与实际旱情记载及降水距平百分率的比较，认为该模式能够较为合理地给出旱情在空间上的发生和发展等变化情况；张宝庆等[150]根据 VIC 模拟结果，对 PDSI 水量平衡各分量的计算进行了优化，并采用分级修正的方式改进了 PDSI 气候特征系数的确定方法，建立了基于 VIC 模型和 PDSI 的区域气候干湿变化评价系统，对我国黄土高原地区的气候变化趋势及其时空分布进行了研究；严登华等[151]采用 SWAT 模型建立了修正的 PDSI 指数，并将其用于我国北方滦河流域的历史干旱评估，揭示了流域内干旱发生频率及风险较高的面积分布，结果表明基于分布式水文模拟的 PDSI 指数在反映区域干旱的空间差异性方面具有优势。此外，气候模式模拟的气象、水文数据也先后被用来研究气候变化的干旱响应和预估未来情景的旱涝情势。其中，不少学者直接采用全球气候模式（GCM）降尺度或区域气候模式（RCM）数据（如降水量、气温和土壤含水量）进行相关方面的研究。例如，Blenkinsop 和 Fowler[152]根据 6 个 RCM 的输出，采用逐月降水量异常序列研究了欧洲部分流域未来干旱特征的可能变化；Wang[153]采用 15 个 GCM 降尺度后的降水量和土壤湿度数据，分析了全球不同地区、不同季节未来可能的干湿变化情况；Loukas 等[154]根据气候模式模拟的降水量序列，采用 SPI 指数研究未来干旱特征（历时、烈度和强度）的变化；Burke 等[155]采用 GCM 降尺度的降水量、气温和土壤含水量等数据，通过计算 PDSI 指数分析全球未来的干旱化趋势和极端干旱特征；Dubrovsky 等[156]根据 GCM 的降尺度数据，分别采用 SPI 和 PDSI 指数研究未来气候变化对区域干旱特征的可能影响，并详细比较了两种干旱指数结果的异同。同时，也有少数研究将气候模式模拟的大气强迫数据进一步输入大尺度水文模型，并根据水文模拟结果（如土壤含水量）分析干旱变化特性。例如，Sheffield 和 Wood[157]根据 GCM 降尺度数据驱动 VIC 模型获得的土壤含水量研究历史干旱特征，而在预估全球未来干旱变化时则采用 8 个 GCM 模拟输出的土壤含水量数据；Mishra 等[145]根据 GCM 降尺度数据和 VIC 模型的土壤含水量模拟结果，分析了历史时期和未来气候变化情景下区域干旱强度、时间和空间跨度等特征的变化；Madadgar 和 Moradkhani[158]分别采用观测流量序列和 Thornthwaite 水量平衡模型（以 GCM 降尺度数据作为输入）模拟径流深数据，研究了历史时期和未来情景干旱历时、烈度和强度的 Copula 联合概率特性及其时空变化。然而，上述研究也反映出将水文模型和气候模式用于干旱分析与研究时仍然面临诸多问题与局限。

1.2.4　研究中存在的问题

相比洪水过程及其影响，目前干旱研究的基础还较为薄弱，尤其是整体研究的理论体系和技术方法体系等都亟待完善，研究中所面临的困难和挑战也很多。其中，本书重点阐述以下几个可能存在的问题。

（1）作为定量化研究干旱的基础和重要工具，目前干旱指标数量众多、良莠不齐，且难以取舍。其中标准化干旱指数（SI）各方面优势明显，比较适合成为一种干旱指数的通用模型，但大多数单变量 SI 指数仅能用于分析干旱某一方面的影响。SPEI 同时考虑了降水和蒸散发的对比关系，可以被视为一类多变量 SI 指数，但 SPEI 的潜在局限与不足还未得到有效评估，且在其架构中难以加入更多与干旱形成密切相关的要素（如径流和土壤含水量等）。因此，进一步探讨多变量标准化干旱指数的理论与方法，是首先面临的一个有意义的问题。

（2）帕尔默旱度模式最早尝试从物理机制上对各种水分过程进行全面评估，是干旱研究领域的一个重要里程碑。它能够充分考虑反映整体水文条件的水分供给（降水量）与水分需求（气候适宜降水量），且气候适宜降水量的确定涉及蒸散发、径流、土壤补水与失水等一系列水分循环过程，因而其本身具备成为多变量干旱评估概念性框架的潜力。然而，由于帕尔默旱度模式采用简化的两层土壤水平衡模型和较为主观的指数标准化与分级方法等，影响其在实际中的使用效果。随着技术的进步和研究的深入，有必要对经典帕尔默旱度模式进行改进与拓展应用，将在很大程度上改善相应干旱指数的特性，弥补其缺陷与不足。

（3）目前的多变量标准化干旱指数（如 JDI 和 MSDI）尚缺乏明确的物理机制，采用帕尔默旱度模式作为多变量干旱指数的应用框架，将在一定程度上改善这一状况。同时，基于 JDI 方法构建的多变量干旱指数还能融合多时间尺度信息，能够分别根据边缘指数和根据联合指数从不同时间尺度，满足干旱监测与评估的实际需求。另外，尽管国外已将大尺度陆面模式或水文模型广泛用于干旱监测与评估（例如各类陆面数据同化系统），国内相关方面的研究工作还较少。因此，本书基于三层 VIC 模型，将分布式水文模拟与改进、拓展的多变量帕尔默旱度指标进行联结应用，以便进一步加强干旱监测与综合评估能力。

1.3 本书的研究框架

1.3.1 研究内容

在世界各地干旱、洪涝等极端水文事件加剧及气候条件显著改变的背景下，本书分别选择全球不同气候区的 12 个 WMO 气象站点和划分为 1500 个 $0.25° \times 0.25°$ 网格的我国北方黄河流域，开展以帕尔默旱度指标拓展与应用为核心，涉及干旱监测与综合评估，干旱定量化识别、随机模拟与多变量频率分析和干旱预估等方面的相关研究。主要包括以下研究内容。

（1）标准化帕尔默干旱指数 SPDI 构建。采用与 SPEI 指数基本相同的 12

个 WMO 气象站的长期气象观测资料，首先探讨 SPEI 定义的水量偏差（降水量减去可能蒸散发量）及该指数用于干旱评估时可能存在的局限与地区适用性问题。此外，根据 PDSI 定义的帕尔默水分偏离（降水量减去气候适宜降水量），优选用于拟合不同时间尺度水分偏离累积序列的理论概率分布，并将其用于 SI 的标准化过程，建立标准化帕尔默干旱指数 SPDI，作为 PDSI 的替代标准化改进。将由 SPI、SPEI、SPDI 和 SC - PDSI 等指数重建的各气象站历史干旱序列进行对比分析，检验 SPDI 对历史干旱反映的可靠性与合理性；同时，根据设定的降水量和气温变化情景，考查 SPDI 对气候变化影响的反映及敏感性。较长的观测数据序列（超过 100 年）有利于确保所构建 SPDI 的统计稳健性（特别是优选分布类型）；选用气象站点的气候特征差别较大且具有多样性，也能在一定程度上保证 SPDI 的普适性。

（2）帕尔默联合水分亏缺指数 SPDI - JDI 构建。在 SPDI 的基础上，将不同时间尺度的帕尔默水分偏离累积序列作为边缘分布，分别采用经验和参数 Copulas 函数构造多元联合分布，然后根据 Kendall 分布函数推求多元联合概率对应的综合概率测度，并将其用于 SI 的标准化过程，建立帕尔默联合水分亏缺指数 SPDI - JDI。通过对比分析由经验和参数 Copulas 求得的联合概率与 SPDI - JDI 时间序列，探讨用经验 Copula 构建联合分布和计算 SPDI - JDI 时可能存在的局限。选择 5 维 Gaussian Copula 代替 24 维经验 Copula 作为最终推求 SPDI - JDI 的优化降维处理方案。将上述 SPDI/SPDI - JDI 分别用于全球 12 个气象站点的历史干旱分析与评估，考查 SPDI - JDI 对 SPDI 多时间尺度信息的融合能力，并通过不同手段和方法评估 SPDI - JDI 用于不同时空尺度干旱监测的表现。

（3）基于 VIC 水文模拟的帕尔默干旱指标构建与应用。选择黄河流域 1500 个 0.25° 网格作为研究对象，采用具有较强物理机制的三层 VIC 模型代替帕尔默旱度指标简化的两层土壤"水桶"模型，联结应用分布式水文模拟和帕尔默干旱指标，将 VIC 模型输出的径流、蒸散发和土壤含水量等模拟结果作为 PDSI、SPDI 和 SPDI - JDI 等指数的输入，建立基于 VIC 水文模拟的网格尺度改进型帕尔默干旱指数。在 VIC 水文过程模拟与评估的基础上，深入对比分析 PDSI、SPDI 和 SPDI - JDI 的不同特性及其对旱涝状况的反映。通过多指数对比分析、历史干旱文献记录和典型年份历史旱情分析等多种手段检验 SPDI 和 SPDI - JDI 指数的可靠性，并定量评估 SPDI - JDI 对黄河流域网格尺度干旱的监测能力。最后，采用基于 VIC 水文模型的 SPDI - JDI 指数分析黄河流域网格尺度历史干旱的时空变化特征，并将经过处理的气候模式模拟气象数据输入 VIC 水文模型，通过计算的 SPDI - JDI 指数对黄河流域未来气候变化情景下的干旱情势进行预估。

1.3.2　技术路线

本书研究的总体框架与技术路线如图1.1所示。其中，第2章和第3章在传统帕尔默干旱指标的基础上，采用观测气象数据构建两种新的拓展帕尔默旱度指标：标准化帕尔默干旱指数（SPDI）和帕尔默联合水分亏缺指数（SPDI-JDI）；第4章进一步将VIC模型和帕尔默干旱指标进行联结应用，建立基于分布式水文模拟的帕尔默旱度指标体系（PDSI、SPDI和SPDI-JDI等）。

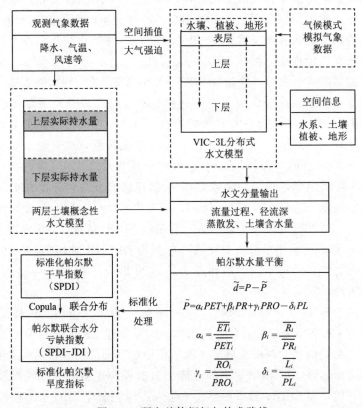

图1.1　研究总体框架与技术路线

第 2 章　标准化帕尔默干旱指数构建与应用

标准化干旱指数（SI）计算简便、多时间尺度优势明显，不同时空尺度下具有稳定的频率，可比性优越；但其缺乏明确的物理机制，仅能考虑单一因素对干旱发生的影响。帕尔默干旱指数（PDSI）能考虑多种水文气象因子（如降水、蒸散发、土壤水和径流等）对干旱形成的影响，可以作为多变量干旱指标的概念性框架；但其计算复杂，时空可比性较差。本章从标准化降水蒸散指数（SPEI）的可能缺陷和地区局限性入手，用 SI 理论框架和计算方法改进 PDSI 的标准化过程，建立新的标准化帕尔默干旱指数（SPDI），使其兼具 PDSI 和 SI 的众多优点，弥补二者各自的不足。作为具有物理基础的多变量标准化干旱指数，SPDI 旨在对传统帕尔默旱度指标进行简化改进运用[159]。

2.1　概述

干旱指标（指数）是定量评估各类干旱严重程度及其影响的重要手段，其直观的数量表达很大程度上满足了干旱分析中量度、时空对比与综合等多方面的需求[25]。目前，干旱指数种类繁杂，但仍以单变量指标居多。针对特定点或地区干旱，可根据具体研究目标确定相应时空考查尺度，并结合实际资料情况（如资料获取难易、系列长短等）选择合适的一种或几种指数进行比较分析。迄今为止，最具影响且应用广泛的代表性干旱指数包括帕尔默干旱强度指数（PDSI）和标准化降水指数（SPI）[14]。PDSI 和 SPI 在干旱指标研究领域具有里程碑意义，在国内也经常被用来进行干旱监测与评估[102,160]。Vicente-Serrano 等[114]发现 SPI 的标准化处理方法也适用于某些水量平衡中间变量，并根据简单水量平衡原理建立了标准化降水蒸散指数（SPEI）。在 SPEI 的架构中，采用 3 参数 log-logistic 分布作为不同时间尺度水量偏差（降水量减去可能蒸散发量）的理论分布，然后通过与 SPI 类似的标准化过程得到相应的 SPEI 指数值，用以表征干旱程度。由于考虑了蒸散发的影响，SPEI 在反映气温波动所引起蒸发需水量变化的敏感性方面，拥有与 PDSI 类似的特性；同时，SPEI 保留了 SPI 计算简便和具有多时间尺度的特征。正因为这些优点，SPEI 很快得到较多实际应用[161-163]。客观上，SPEI 通过考虑气温变化对干旱的影响作用（体现为可能蒸散发需水），弥补了长期以来 SPI 仅依靠降水量评估干旱的不足。然而，SPEI 也不可避免地存在一些缺陷和问题。以下通过与 PDSI 的对比，探讨 SPEI 所采用的水量平衡及其水量偏差计算可能存在的局限。

2.1.1　传统帕尔默干旱指标

如前所述，传统帕尔默干旱指标体系包括帕尔默干旱强度指数（PDSI）、修正帕尔默干旱指数（PMDI）、帕尔默水文干旱指数（PHDI）和帕尔默水分异常指数（即 Z 指数，ZIND）。这些指数各自的侧重点不同，可用于评估干旱不同侧面的影响；同时，它们具有相同的物理基础和类似的计算过程。对应于实际或观测降水量，PDSI 定义了"气候适宜降水量"，即 CAFEC（Climatically Appropriate for Existing Condition）降水量，其含义为用以维持特定地区正常土壤湿度水平所需的最小降水量。CAFEC 降水量的大小取决于当地气候条件，在不同月份的计算公式如下：

$$\widetilde{P} = \alpha_i PET + \beta_i PR + \gamma_i PRO - \delta_i PL \tag{2.1}$$

式中：$\widetilde{P}$ 为 CAFEC 降水量；i 表示一年中的第 i 个月份，$i=1, 2, \cdots, 12$；α、β、γ 和 δ 分别为特定地区各个月份（$i=1, 2, \cdots, 12$）的权重因子（或称水量平衡系数），通过以下方式进行估算：

$$\alpha_i = \frac{\overline{ET_i}}{\overline{PET_i}}, \ \beta_i = \frac{\overline{R_i}}{\overline{PR_i}}, \ \gamma_i = \frac{\overline{RO_i}}{\overline{PRO_i}}, \ \delta_i = \frac{\overline{L_i}}{\overline{PL_i}} \tag{2.2}$$

其中，α、β、γ 和 δ 的计算涉及 8 个与年内各月土壤水分有关的水文分量，即蒸散量 ET、可能蒸散量 PET、土壤补水量 R、土壤可能补水量 PR、径流深 RO、可能径流深 PRO、土壤失水量 L 和土壤可能失水量 PL。这些变量值和当地的土壤有效含水量（AWC）密切相关，从而能够反映更为复杂但相对全面的地表土壤水量平衡关系。PDSI 正是运用实际降水量与 CAFEC 降水量之间的差值（称为水分偏离），来反映某一地区特定时刻的水分异常状况（干或湿）：

$$\widetilde{d} = P - \widetilde{P} = P - (\alpha_i PET + \beta_i PR + \gamma_i PRO - \delta_i PL) \tag{2.3}$$

式中：P 为观测降水量；$\widetilde{d}$ 为水分偏离。

帕尔默水分偏离 $\widetilde{d}$ 所反映的水分异常状况能够综合考虑降水、蒸散发、径流和土壤含水量等一系列气象水文过程。在获得各月的水分偏离 $\widetilde{d}$ 序列之后，就可以根据相应方法进一步计算 PDSI、PMDI、PHDI 和 ZIND 等指数值（具体步骤参见文献 [9] 和文献 [104]）。

需要说明，传统 PDSI 利用站点的长期气象观测数据，采用简单的两层土壤水量平衡模型计算干旱评估所需的各项水文分量的实际值和可能值。本书在直接根据观测气象资料计算 PDSI、PMDI、PHDI 和 ZIND 等指数时，仍然沿用传统帕尔默干旱指标的水文分量计算方法，其中可能蒸散量 PET 采用 Thornthwaite 公式根据逐月平均气温进行估算。此外，研究中全部传统帕尔默干旱指标（PDSI、PMDI、PHDI 和 ZIND）均通过 Wells 等[104]提出的自适应算法计算得到。

2.1.2 标准化降水蒸散指数

本质上，标准化降水蒸散指数（SPEI）与标准化降水指数（SPI）类似，采用相同的标准化方法。二者的不同之处在于，SPI 仅将月降水量作为其输入进行计算，而 SPEI 则根据气候学中的简单水量平衡计算水量偏差（d），即月降水量（P）和可能蒸散发量（PET）之间的差值[119]：

$$d_i = P_i - PET_i \tag{2.4}$$

式中：i 为月时间序列中的时序，即第 i 个值。

这样能较为简便地衡量特定月份的水量盈余或亏缺情况。在此基础上，对各月的水量偏差 d_i 在不同时间步长上（如 12 个月）进行滑动累加，即可得到相应不同时间尺度的累积水量偏差。例如，用 $d_{i,j}^k$ 表示在第 i 年第 j 个月份的累积水量偏差，其值取决于所选择的时间步长 k，并通过以下公式求得：

$$d_{i,j}^k = \sum_{l=13-k+j}^{12} d_{i-1,l} + \sum_{l=1}^{j} d_{i,l} \text{，对于 } j < k \tag{2.5}$$

$$d_{i,j}^k = \sum_{l=j-k+1}^{j} d_{i,l} \text{，对于 } j \geqslant k \tag{2.6}$$

式中：$d_{i-1,l}$ 和 $d_{i,l}$ 分别表示第 $i-1$ 和 i 年第 l 个月的月水量偏差值，由式（2.4）计算得到；PET 也采用 Thornthwaite 方法根据逐月平均气温进行估算[119]。由此得到各月的累积水量偏差序列之后，可进一步采用 log‐logistic 分布拟合不同时间步长累积水量偏差 d 序列的经验频率分布，然后通过标准正态分布的逆函数得到相应不同时间尺度的 SPEI 指数值，以表征干旱严重程度（具体方法参见文献［114］）。

2.2 研究对象与数据

Vicente‐Serrano 等[114]采用全球不同气候区的 11 个气象站点的观测气象资料建立并验证了 SPEI 指数。为了更好地说明 SPEI 在计算和应用中可能存在的局限，本书也尽可能选用与之相同的站点和数据。由于西班牙瓦伦西亚站的降水和气温资料不能通过公开数据源获得，因而选择同处地中海气候区的希腊雅典站作为替代站点。同时，为了兼顾 SPEI 指数在中国区域（特别是黄河流域）的应用效果，还使用了西安站的历史降水和气温数据。选用的 12 个气象站点均为世界气象组织（WMO）标准站，它们的空间地理和气候特征等信息见表 2.1。相应月降水量和月平均气温序列来自全球历史气候资料月值数据库（Global Historical Climatology Network – Monthly Database，GHCN – M），其中降水和气温分别采用 GHCN – M 数据库 V2 和 V3 的数据，它们具有连续、完整的资料序列，且通过质量控制方法对异常值进行了校正。用于历史旱涝分析的资料时间跨度为 1900—2012 年（其中西安站为 1931—2012 年），数据系列很长，适合进行统计处理与分析。同时，所选的 12 个 WMO 气象站位于全球不同气候区，相应气候条件与类型迥异、具有多样性，因而能在很大程度上保证研究结果的一般性与普遍意义。此外，研究中选用 Webb 等[164] 开发的全球 1°×1° 土壤有效含水量（AWC）数据估算 PDSI 所定义各气象站的气候适宜降水量，该数据集被广泛用于世界各地的土壤水分相关研究，具有较好的可靠性。

表 2.1　　　　全球代表性气象观测站点的地理位置和气候特征

国别	站名	坐标（经纬度）	高程/m	P/mm	T/℃	气候类型
巴基斯坦	拉合尔	31°36′N，74°18′E	214	543.8	24.5	亚热带大陆气候
巴西	圣保罗	23°36′S，46°54′W	795	1450.9	18.8	热带湿润气候
希腊	雅典	38°00′N，23°42′E	107	396.5	18.0	地中海气候
日本	网走	44°00′N，144°18′E	39	830.6	6.1	温带海洋气候
南非	金伯利	28°48′S，24°46′E	1250	419.4	18.1	亚热带草原气候
印度	印多尔	22°42′N，75°48′E	567	948.5	24.8	热带季风气候
芬兰	赫尔辛基	60°18′N，25°00′E	53	663.1	5.0	过渡型湿润气候
美国	阿尔伯克基	35°06′N，106°36′W	1620	217.6	13.5	温带半干旱气候
智利	蓬塔阿雷纳斯	53°00′S，70°54′W	37	414.0	6.3	温带寒冷气候
美国	坦帕	28°00′N，82°30′W	3	1210.0	22.5	亚热带湿润气候
奥地利	维也纳	48°18′N，16°24′E	212	659.4	9.8	温带大陆气候
中国	西安	34°18′N，108°54′E	398	575.7	13.8	温带季风气候

注　P 和 T 分别为年平均降水量和年平均气温；其中，西安站由 1931—2012 年观测值估算，其他各站均由 1900—2012 年观测值估算。

2.3　SPEI、PDSI 水分异常对降水和气温的敏感性

2.3.1　月尺度序列分析

如上所述，尽管 SPEI 和 PDSI 分别基于不同的水量平衡原理，但二者都

采用一定时段内（1 个月或连续多个月）的降水和气温作为其输入数据。因此，需首先考查 SPEI 和 PDSI 所定义的单个月份水分异常 [式（2.4）中 d 和式（2.3）中 $\tilde{d}$] 与相应降水、气温之间的关系。

12 个气象站 SPEI 单月水量偏差 d 和降水量 P 的散点关系见图 2.1。从图 2.1 中可以看出，所有站点的水量偏差 d 都和降水量 P 呈正相关，即随着降水量的增加水分亏缺量逐渐减小，如果降水进一步增多，水量将由亏缺转化为盈余状态，且水分盈余量也随降水量的增加而增大。并且水量偏差 d 和降水 P 之间正相关的程度在不同站点存在明显差异。以圣保罗站为例，其水量偏差 d 和降水 P 呈高度线性相关，该站单月的水量偏差几乎完全由降水决定。类似的情形也出现在印多尔站，只是其水量偏差 d 和降水 P 的线性关系相对低一些。相反，阿尔伯克基站的水量偏差 d 和降水 P 经验点据分布松散，二者相关性较弱。除此之外，其他气象站水量偏差 d 和降水量 P 的相关程度都介于上述 3 个站之间。相应地，各气象站 SPEI 单月水量偏差 d 和气温 T 的散点图见图 2.2。图 2.2 显示，各站的水分异常（盈余或亏缺）对气温变化的反应存在较大差异。尽管在大多数气象站，随着气温 T 的攀升，水量由盈余转化为亏缺状态，且如果气温进一步升高，水分亏缺量也将继续增大，但这种趋势在不同地点所呈现的程度却不尽相同，甚至差别很大。以拉合尔站为例，随着其气温 T 由 10℃ 上升到 38℃，该站单月水量偏差 d 持续负偏，相应水分亏缺量急剧增大且高达 −500mm。与之类似，印多尔站单月水分亏缺量在气温较高

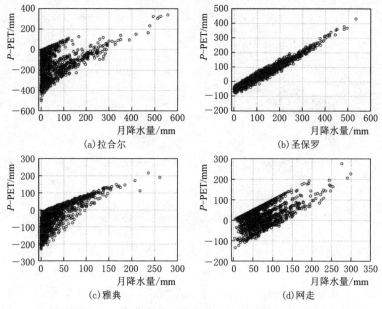

图 2.1（一） 各气象站月水量偏差 d 与降水量 P 散点图

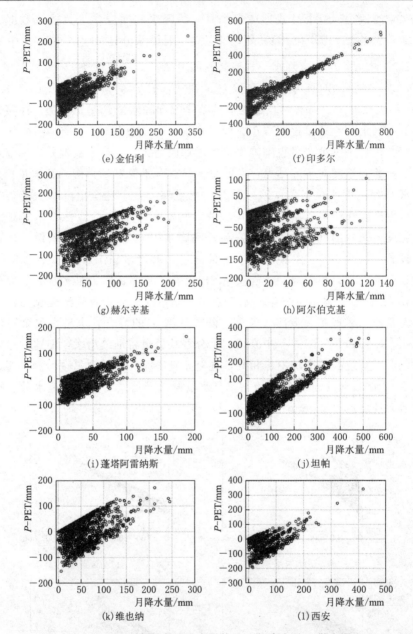

图 2.1（二） 各气象站月水量偏差 d 与降水量 P 散点图

时（约 34℃）也超过−300mm。在绝大部分情况下，这 2 个气象站的水量偏差 d 均为负值，水分状况普遍呈亏缺状态（印多尔站仅在短时高温多雨，如 25～30℃时出现水分盈余）。然而，圣保罗站 SPEI 单月水量偏差 d 并未随气温 T 的波动呈现明显的变化趋势，两者关系比较散乱，气温升高对水量负偏的影响比较微弱。另外，其他气象站水量偏差 d 和气温 T 的负相关关系都介于这 3 个站之间，即随着气温 T 的升高，水量偏差 d 由正转为负，二者之间呈类似指数或近于线性的关系。例如，在气温由 0℃上升到 30℃的过程中，西安站单月水分亏缺量也由 0 逐渐扩大到近－200mm。

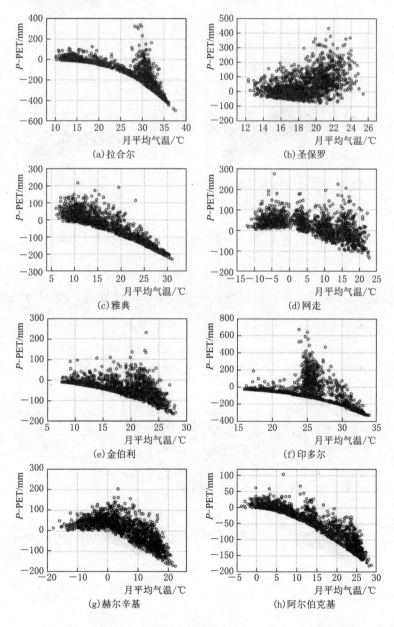

图 2.2（一） 各气象站月水量偏差 d 与月平均气温 T 散点图

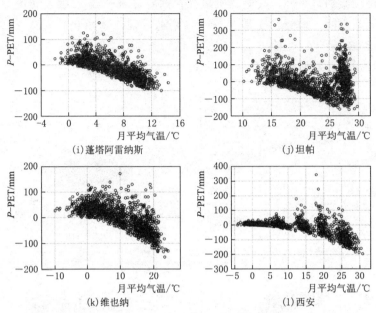

(i) 蓬塔阿雷纳斯　　　　　　　　　　(j) 坦帕

(k) 维也纳　　　　　　　　　　　　(l) 西安

图 2.2（二）　各气象站月水量偏差 d 与月平均气温 T 散点图

同样的，12 个气象站 PDSI 单月水分偏离 $\tilde{d}$ 与降水量 P 和气温 T 的散点图分别见图 2.3 和图 2.4。对比图 2.3 和图 2.1 可以发现，PDSI 水分偏离 $\tilde{d}$

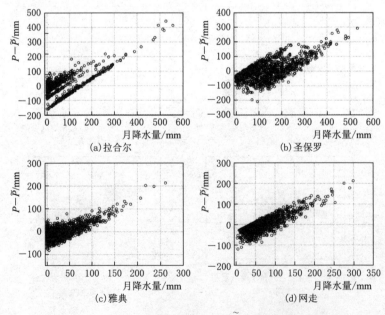

(a) 拉合尔　　　　　　　　　　　　(b) 圣保罗

(c) 雅典　　　　　　　　　　　　(d) 网走

图 2.3（一）　各气象站月水分偏离 $\tilde{d}$ 与降水量 P 散点图

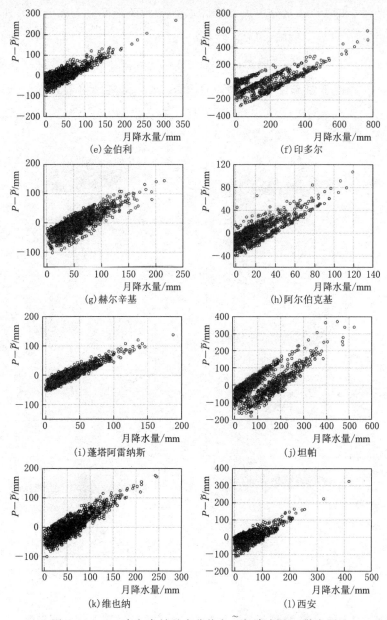

图 2.3（二） 各气象站月水分偏离 $\tilde{d}$ 与降水量 P 散点图

和降水量 P 的相关性程度趋于一致，即降水量多寡对水分盈余/亏缺状态的形成具有基本稳定的影响作用。同时，SPEI 水量偏差 d 和降水 P 的极端相关情形，在 PDSI 水分偏离 $\tilde{d}$ 和降水 P 的关系中得以调整。具体来说，圣保罗站和印多尔站水分状况对降水依赖程度过高的问题（图 2.1 中呈高度线性相关）得到明显改善，即 PDSI 水分偏离 $\tilde{d}$ 和降水 P 的相关程度显著减低；另外，PD-SI 水分偏离 $\tilde{d}$ 反映出的阿尔伯克基站水分异常与降水之间的相关性明显增强。简言之，PDSI 水分偏离 $\tilde{d}$ 揭示的各站水分状况和降水量的关系进一步得到匹配与统一。相对于图 2.2，图 2.4 表明 PDSI 水分偏离 $\tilde{d}$ 对各站水分状况和气

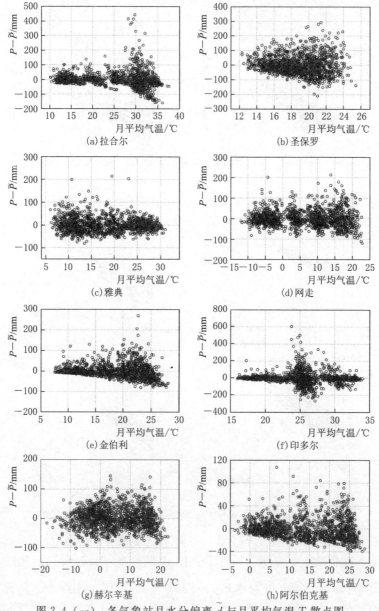

图 2.4（一）　各气象站月水分偏离 $\tilde{d}$ 与月平均气温 T 散点图

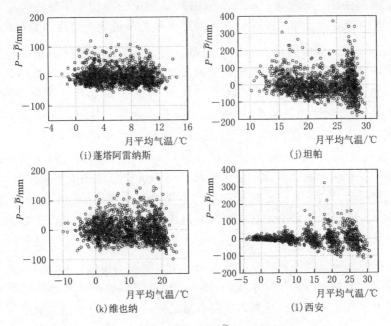

图 2.4（二） 各气象站月水分偏离 $\tilde{d}$ 与月平均气温 T 散点图

温之间关系的调整更为显著，即所有气象站的水量都随气温的升高而逐渐负偏，且水量下降（亏缺量增大）的趋势与斜率基本一致。同时，PDSI 水分偏离 $\tilde{d}$ 反映出各站水分状况受气温影响的程度明显下降（见图 2.4），由高温所导致的可能蒸散发需水量减小，相应水分亏缺量降低。例如，在 35℃ 高温时，拉合尔站单月水分亏缺量约为 -150mm；西安站单月水分亏缺量在 30℃ 气温时为 -100mm 左右。

综上所述，相比 SPEI 水量偏差 d（图 2.1 和图 2.2），PDSI 水分偏离 $\tilde{d}$（图 2.3 和图 2.4）反映的不同地点单月水分异常状况对降水和气温变化的响应更加一致。表明在月尺度上，PDSI 土壤水平衡模型和水分偏离 $\tilde{d}$ 的概念更具优势和稳健性，能够调整水分盈余/亏缺对降水和气温的敏感性。但不管采用 SPEI 水量偏差 d 还是 PDSI 水分偏离 $\tilde{d}$，得到的各站单月水分异常序列中都存在一些较大（水分盈余）或较小（水分亏缺）值，可将它们与当地多年平均降水量（见表 2.1）作以比较分析。分别采用 SPEI 水量偏差 d 和 PDSI 水分偏离 $\tilde{d}$ 得到的各站最大单月水分盈余/亏缺量与相应年降水量的对比情况见图 2.5。从图 2.5 中可以看到，对于水分盈余的情况，不论是水量偏差 d 还是水分偏离 $\tilde{d}$，反映出的单月最大水分盈余量占多年平均降水量的比重，在不同站点之间都存在一定差异；尽管水分偏离 $\tilde{d}$ 指示的空间变率要略大于水量偏差 d，但两者的均值却很接近，最大单月水分盈余量约占年降水总量的 43%。

水量偏差 d 和水分偏离 $\tilde{d}$ 在反映水分盈余时的较大空间变率，很大程度上缘于降水本身的空间变异性，对于任何地方、任意时刻，降水无疑都是其最重要的水分来源。然而，水分亏缺状态对考查干旱的发生具有更重要的意义。图 2.5 显示，SPEI 水量偏差 d 反映的单月最大水分亏缺量占多年平均降水量的比重，在不同站点之间存在巨大差异，最小仅为年降水量的 5%（圣保罗站），最大可达年降水量的 92%（拉合尔站）；由于极大的空间变率，在根据水量偏差 d 推求单月水分亏缺量序列时，将不可避免地产生不确定性。例如，如果仅仅一个月内的水分亏缺量就高达全年降水总量的 80%（阿尔伯克基站为 83%），甚至 90% 以上，这在逻辑上是难以理解的，很大程度上也失去了其本身的意义。相反，由 PDSI 水分偏离 $\tilde{d}$ 求得的单月最大水分亏缺量占多年平均降水量的比重，在不同站点之间差别很小、空间变率低，其反映的单月最大水分亏缺量平均值约为年降水量的 18%。由此可以推断，世界各地不同气候区的最大单月水分亏缺量与当地年降水量之间可能存在一个适宜且稳定的比例关系。

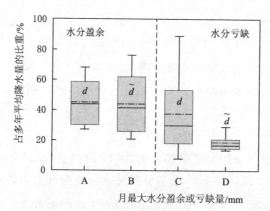

图 2.5　各气象站月最大水分盈余或亏缺量与多年平均降水量的比较

2.3.2　多时间尺度累积序列分析

以上分析了分别采用 SPEI 水量偏差 d 和 PDSI 水分偏离 $\tilde{d}$，得到的各气象站月尺度水分盈余/亏缺量对降水和气温变化的敏感性，下面继续在不同时间尺度上观察累积水分盈余/亏缺量与相应降水、气温的关联性。逐月水量偏差 d 和水分偏离 $\tilde{d}$ 分别在 1、3、6、9、12、18、24、36 和 48 个月步长上进行滑动累加，得到相应多时间尺度 d 和 $\tilde{d}$ 序列；同时，月降水量和月平均气温序列也分别在相应时间步长上累加（时段总降水量）和平均（时段平均气温）。采用 Pearson 相关系数反映的不同时间尺度累积水量偏差 d 与降水 P 和气温 T 的相关性见图 2.6。图 2.6 显示，累积水量偏差 d 和降水 P 呈显著正相关关系，但正相关的程度在不同地点和时间尺度上差别较大（尤其是较短时间尺度，如 9 个月及以下），两者之间相关系数较高且在各站比较一致的情况出现在 12、24、36 和 48 个月尺度上。然而，圣保罗站和印多尔站的累积水量偏差 d 和降水 P 在所有时间尺度上都具有很高的相关性。相反，除了圣保罗站，其他所有站的累积水量偏差 d 和气温 T 的相关系数都为负值，负相关程度在不同地点、不同时间尺度上也不一致，在 9～24 个月尺度上差别较大。从 SPEI 累积水量偏差和降水、气温相关系数的绝对值来看，总体上反映的降水和气温对潜在水分盈余/亏缺量的影响作用几乎相当。

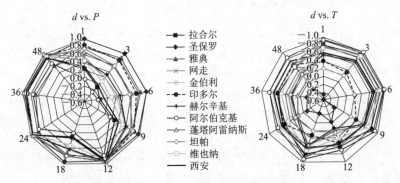

图 2.6　各气象站不同时间尺度累积水量偏差 d 与相应降水量 P 和平均气温 T 的相关性

另外，图 2.7 反映出 PDSI 累积水分偏离 $\tilde{d}$ 与降水 P 和气温 T 的相关性，在所有站点各时间尺度上都非常一致。具体而言，累积水分偏离 $\tilde{d}$ 和降水 P 都在 12、24、36 和 48 个月尺度上具有很强的正相关关系，相应 Pearson 相关系数均在 0.8 以上；其他时间尺度上，二者之间的相关性也都较强，相关系数为 0.5～0.8。各站累积水分偏离 $\tilde{d}$ 和气温 T 的负相关系数均不足 -0.6，且在较长尺度上（12 个月以上）的相关性相对较强；而在短时间尺度上（如 6 个月以下），二者之间的负相关关系较弱。作为例外，圣保罗站的累积水分偏离 $\tilde{d}$ 和气温 T 仅在较长时间尺度时（18 个月及以上）呈微弱正相关，相关系数均小于 0.1。总体来看，相比 SPEI 累积水量偏差 d，PDSI 累积水分偏离 $\tilde{d}$ 对降水和气温的变化，在不同地点、不同时间尺度上具有更为一致的响应。同时，PDSI 累积水分偏离和降水、气温相关系数的绝对值表明，其所反映的降水对水分盈余/亏缺量的影响要大于气温，这一点也符合我们的直观感觉和认识。

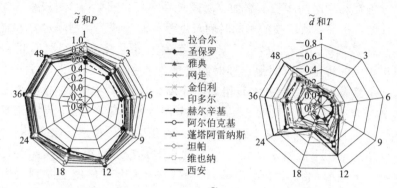

图 2.7　各气象站不同时间尺度累积水分偏离 $\tilde{d}$ 与相应降水量 P 和平均气温 T 的相关性

2.3.3　SPEI 可能的区域适用性局限

　　通过以上分析发现，采用 Thornthwaite 方法根据月平均气温估算可能蒸散量 PET 情况下，不论是月尺度序列还是多时间尺度累积序列，由 SPEI 水量偏差 d 得到的水分盈余/亏缺量在全球不同地点或气候区，对降水和气温变化的反应差别很大。特别是过度依赖气温，导致其很容易高估夏季极端高温对应的可能蒸散发量，在某些区域指示严重偏大的短时（如单月）水分亏缺。然而，对于一些易旱地区（例如拉合尔和阿尔伯克基），特别是在干季，其降水量往往极少，但气温却可能很高，由此推算的可能蒸散发量将远大于实际蒸散发需水量，因此无法有效反映当地水分供需对比的真实情况。这一点可由 SPEI 水量偏差 d 反映的最大单月水分亏缺量得到进一步印证，其占年降水总量的比重很大，且在不同地区存在极大的空间变率。相反，根据 PDSI 水分偏离 $\tilde{d}$ 推求的最大单月水分亏缺量占当地年降水量的比重相对稳定，在不同站点之间的空间变率较小。总之，基于 Thornthwaite 方法的 SPEI 水量偏差 d 与各地降水和气温的关系存在明显差别，可能存在区域适用性的局限。中国科学院大气物理研究所马柱国团队的相关研究也认为[165]，SPEI 指数在我国的区域适用性存在明显的差异，在湿润地区 SPEI 和 SPI 基本一致，但在降水极端偏少的干旱地区，SPEI 与其他干旱指标存在较大的差异，据此推求的旱情评估结果总体偏重，其原因很可能是 SPEI 在干旱区可能蒸散发的计算中夸大了气温变化的影响。Yu 等[166] 的相关研究也关注到这一问题，根据 SPEI 指数可知，中国区域过去 50 多年干旱化的趋势非常严重，特别是中西部和西北内陆等半干旱、干旱气候区。另外，PDSI 所定义的土壤水平衡和水分偏离 $\tilde{d}$ 能适应不同地区的气候条件，对各地降水和气温的响应基本一致，表现出更好的时空稳定性，因此更具优势。

2.4 SPDI 对 PDSI 的替代标准化改进

鉴于 PDSI 水分偏离 $\tilde{d}$ 比 SPEI 水量偏差 d 更具稳健性和优势，可以考虑采用水分偏离 $\tilde{d}$ 代替水量偏差 d，将 SPI/SPEI 的计算框架与方法用于改进 PDSI 指标值的标准化过程，构建新的标准化帕尔默干旱指数（SPDI）。其主要过程为：①计算不同累积时段（如 $1\sim48$ 个月）的水分偏离 $\tilde{d}$ 序列；②根据结束月份将各水分偏离 $\tilde{d}$ 序列划分为 12 个季（season）序列，以考虑季节性的影响；③选择合适的偏态分布分别拟合不同时间尺度水分偏离 $\tilde{d}$ 的 12 个季序列，得到其各自的理论累积概率分布；④依据等概率原理将上述偏态分布转化为标准正态分布，相应于该标准正态分布的分位数即为所求的 SPDI 值。以上标准正态化过程，先对特定时间尺度水分偏离 $\tilde{d}$ 的 12 个季序列分别进行，然后将求得的标准正态分位数（即 SPDI 值）重新组合为依自然时间顺序排列的月份值，作为最终逐月 SPDI 序列。由此得到的标准化帕尔默干旱指数 SPDI 能够实现不同时空尺度干旱直观比较与分析的目标。

2.4.1 季节性影响的处理

在采用多时间尺度累积水分偏离 $\tilde{d}$ 反映不同时段内的水分异常状况时，首先需要考虑水分供需条件在年内分布不均可能带来的季节性问题，即同等水分盈余/亏缺量在不同季节或时期将带来不同的干湿效应。这里对特定时间尺度水分偏离 $\tilde{d}$ 序列季节性影响的考虑见图 2.8，其中 $\tilde{d}_{k,j}^{i}$ 代表 k 个月时间尺度累积水分偏离 $\tilde{d}$ 在第 i 年第 j 月的取值，n 为实测资料总长度（年），相应 12 个季序列的结束月份分别为 j，$j+1$，$\cdots$，12，1，$\cdots$，$j-1$ 月。理论上，用来拟合 12 个季序列的偏态分布类型可以各不相同，即为每一个季序列遴选拟合最优的分布及参数。其代价是计算过程变得复杂，工作量大大增加，且将在很大程度上降低模型的通用性。因此，考虑到同一水文气象变量（如水分偏离 $\tilde{d}$）具有相对稳定的统计特性，实际应用中通常选用相同的分布类型，而仅采用不同的参数组合来拟合 k 个月时间尺度累积水分偏离 $\tilde{d}$ 各个季序列的经验分布。

2.4.2 理论概率分布优选

实际上，可以将不同时间尺度累积水分偏离 $\tilde{d}$ 的每一个季序列作为一个

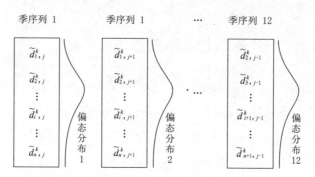

图 2.8　特定时间尺度累积水分偏离 $\tilde{d}$ 序列的分季处理

随机变量，分析其概率分布特征。为了构建标准化帕尔默干旱指数 SPDI，需要选择恰当的理论概率分布函数，以较好地拟合累积水分偏离 $\tilde{d}$ 季序列的经验频率分布。本书重点考查 4 种 3 参数偏态分布，即对数 logistic 分布、广义极值分布（GEV）、皮尔逊 III 型分布、对数正态分布与相应水分偏离 $\tilde{d}$ 季序列的匹配程度。Kolmogorov - Smirnov 和 Anderson - Darling 拟合优度检验表明，此 4 种分布类型用于拟合不同时间尺度累积水分偏离 $\tilde{d}$ 季序列时，在 0.05 的置信水平下均未被拒绝。大部分情况下，它们都能很好地反映出水分偏离 $\tilde{d}$ 季序列的经验频率分布，且 4 种分布的理论曲线非常接近，均能较好代表相应经验概率密度函数，没有任何一种分布比其他分布类型具有明显的优势。

2.4.2.1　线性矩比图

利用线性矩比图能够比较直观地为一组样本数据选择合适的理论分布[167,168]。通常来说，不同概率分布函数具有独特的形状特征和线性矩，而由线性矩表示的偏度（L - skewness τ_3）和峰度（L - kurtosis τ_4）能够唯一地决定其概率分布类型。线性矩偏度 τ_3 与峰度 τ_4 的比值即为线性矩比，通过二者的对比关系（即线性矩比图），可以直观比较不同时间尺度水分偏离 $\tilde{d}$ 季序列的经验频率分布和各种理论分布，分析它们之间线性矩的差别（图 2.9）。从图 2.9 可以看出，不同气象站各时间尺度水分偏离 $\tilde{d}$ 季序列线性矩比的样本点据，大都分布于广义极值分布、皮尔逊 III 型分布和对数正态分布理论曲线的两侧，表明这三种分布类型总体上能较好地反映水分偏离 $\tilde{d}$ 季序列的经验频率分布。相比而言，对数 logistic 分布曲线两侧的样本点据比较有限，对相应经验频率分布的反映不足。然而，个别气象站的数据也存在例外，例如维也纳站

18、36 个月时间尺度和网走站 36 个月时间尺度的样本点据偏离图中所有分布
类型的理论曲线。由此说明，很难找到一种理论分布类型，使其满足所有地点
不同时间尺度的水分偏离 $\tilde{d}$ 序列。此外，图 2.9 中其他 2 参数分布（正态分
布、指数分布和 Gumbel 分布）和 3 参数分布（广义 Pareto 分布）类型也都不
适合用来拟合不同时间尺度水分偏离 $\tilde{d}$ 季序列。

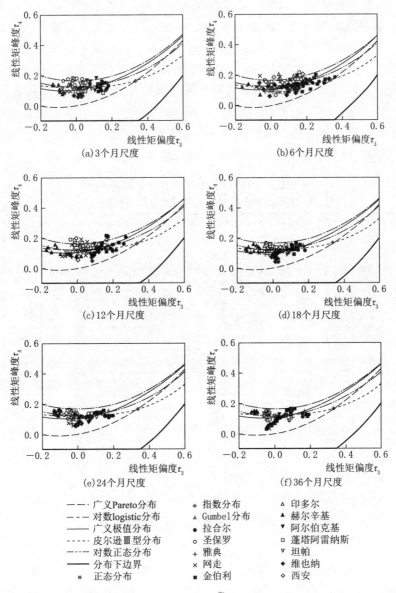

图 2.9　各气象站不同时间尺度水分偏离 $\tilde{d}$ 季序列和理论分布的线性矩比图

2.4.2.2 拟合优度统计量

拟合偏差（BIAS）、均方根误差（RMSE）和 AIC 信息准则（AIC）等统计量也经常被用来衡量候选分布与样本数据的匹配程度，从而定量判断所选理论概率分布的优劣。有关 BIAS、RMSE 和 AIC 的详细介绍和具体表达式参见文献 [169]，在采用它们作为优选准则时，其值越小，表示所选分布对经验点据的拟合效果越好。广义极值分布、对数 logistic 分布、对数正态分布和皮尔逊Ⅲ型分布对不同时间尺度水分偏离 $\tilde{d}$ 季序列拟合优度统计量的计算结果详见表 2.2。从表中结果可以看出，广义极值分布、对数正态分布和皮尔逊Ⅲ型分布对应的不同时间尺度 BIAS、RMSE 和 AIC 及其均值较小，且总体上比较接近；而对数 logistic 分布对应的拟合优度统计量相对较大，特别是 AIC 和 RMSE 值。由此进一步表明，作为不同时间尺度水分偏离 $\tilde{d}$ 季序列的理论概率分布，广义极值分布、对数正态分布和皮尔逊Ⅲ型分布要明显优于对数 logistic 分布，这与线性矩比图的分析结果一致。

表 2.2　　　　4 种理论分布对不同时间尺度水分偏离 $\tilde{d}$ 季序列的拟合结果（所有气象站取平均值）

准则	分布类型	时间尺度/月									均值
		1	3	6	9	12	18	24	36	48	
BIAS	广义极值分布	0.0036	0.0029	0.0030	0.0032	0.0032	0.0031	0.0033	0.0031	0.0034	0.0032
	对数 logistic 分布	0.0052	0.0040	0.0034	0.0033	0.0031	0.0032	0.0033	0.0034	0.0036	0.0036
	对数正态分布	0.0028	0.0025	0.0026	0.0028	0.0028	0.0027	0.0030	0.0028	0.0030	0.0028
	皮尔逊Ⅲ分布	0.0032	0.0024	0.0026	0.0027	0.0027	0.0027	0.0029	0.0027	0.0029	0.0027
RMSE	广义极值分布	0.0224	0.0199	0.0199	0.0205	0.0206	0.0191	0.0188	0.0196	0.0212	0.0202
	对数 logistic 分布	0.0252	0.0234	0.0232	0.0247	0.0250	0.0238	0.0236	0.0249	0.0273	0.0246
	对数正态分布	0.0216	0.0195	0.0197	0.0204	0.0205	0.0190	0.0187	0.0199	0.0217	0.0201
	皮尔逊Ⅲ分布	0.0222	0.0196	0.0197	0.0204	0.0205	0.0190	0.0187	0.0200	0.0217	0.0202
AIC	广义极值分布	−844.1	−867.0	−864.4	−855.6	−853.0	−865.0	−860.9	−843.7	−822.9	−853.0
	对数 logistic 分布	−817.6	−829.4	−829.4	−813.0	−808.9	−816.4	−813.8	−797.2	−769.3	−810.6
	对数正态分布	−850.6	−871.2	−867.1	−856.1	−852.7	−865.9	−862.1	−842.7	−818.4	−854.1
	皮尔逊Ⅲ分布	−845.6	−870.9	−867.0	−857.1	−853.1	−866.6	−862.2	−841.9	−818.3	−853.6

注　BIAS 为偏差的绝对值。

2.4.2.3 SPDI 序列的统计特征

线性矩比图和拟合优度统计量均表明，用广义极值分布、对数正态分布和皮尔逊Ⅲ型分布模拟不同时间尺度水分偏离 $\tilde{d}$ 季序列的经验频率时，结果非常接近。由于缺乏足够的证据支持具体选择何种分布类型作为水分偏离 $\tilde{d}$ 季序列的理论概率分布，需要进一步借助统计试验研究方法，即分别基于 4 种不同偏态分布推求相应 SPDI 序列，然后对比分析各 SPDI 序列的统计特征[113]。理论上，估算的 SPDI 指数值近似服从标准正态分布，因此其均值和标准差应分别接近于 0 和 1。根据不同理论分布计算得到的各气象站不同时间尺度（1、3、6、9、12、18、24、36 和 48 个月）SPDI 序列的均值和标准差见图 2.10。从图 2.10 中能够看出，由某些分布类型得到的 SPDI 序列的均值和标准差与相应预期值存在一定偏差。例如，皮尔逊Ⅲ型分布（PE3）对应的各站 SPDI 均值明显小于 0，而对数 logistic 分布（LLG）和广义极值分布（GEV）相应的 SPDI 均值就很接近于 0。同时，由所有分布得到的各气象站 SPDI 序列均值的变率都很小，即一定的 SPDI 指数值在不同地点所代表的水分干湿状况基本相同，可直接用于空间比较，从而证明选择至少一种分布来构建 SPDI 模型是可取的。此外，4 种分布对应的各气象站不同时间尺度 SPDI 序列的标准差也各不相同。具体来说，对数 logistic 分布和对数正态分布（LN3）求得的SPDI 序列标准差明显小于 1，可能不适合用来计算 SPDI 指数；而广义极值分布和皮尔逊Ⅲ型分布对应的 SPDI 标准差接近于 1，且后者在不同站点的空间变率略大于前者。

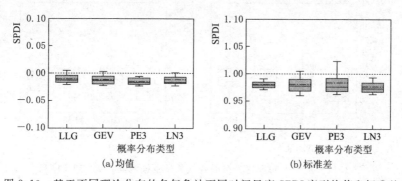

图 2.10　基于不同理论分布的各气象站不同时间尺度 SPDI 序列均值和标准差

　　另外，在采用 SPDI 指数评估旱涝严重程度时，其极小值（较旱）和极大值（较涝）出现的频率也具有重要统计意义。对于服从标准正态分布的随机变量，其取值小于 -1.65 或大于 1.65 的累积概率均为 0.05，其值小于 -2.33 或大于 2.33 相应的累积概率为 0.01。由于 48 个月时间尺度 SPDI 月序列从 1904 年开始，因而其月序列总长度为 1308 个月（1904—2012 年，共 109 年）。因此平均来讲，应分别有约 65.4 个（1308×0.05）SPDI 值小于 -1.65（或大于 1.65）和约 13.08 个（1308×0.01）SPDI 值小于 -2.33（或大于 2.33）。4

种情形下，由不同分布类型计算的 SPDI 特定值出现频次和相应理论值的对比情况见图 2.11。各气象站不同时间尺度（1～48 个月）SPDI 月序列数据均显示，4 种偏态分布对应 SPDI 值超过 ±1.65 的频次和理论值都基本相符；然而，对数 logistic 分布指示各气象站 SPDI 值小于 −1.65 的平均频次较理论值显著偏低。同时，所有分布类型对应的各气象站 SPDI 值大于 1.65（偏涝）的平均频次存在系统偏小，但这并不影响 SPDI 指数评估干旱事件的发生。与此相反，对数 logistic 分布严重低估了各气象站 SPDI 值超过 ±2.33 的频次，不能反映 SPDI 的极值概率特征，而其他 3 种分布对此的表现相对较好，但就所反映经验频次与理论值的接近程度和在不同站点的空间变率而言，广义极值分布和皮尔逊Ⅲ型分布要优于对数正态分布。

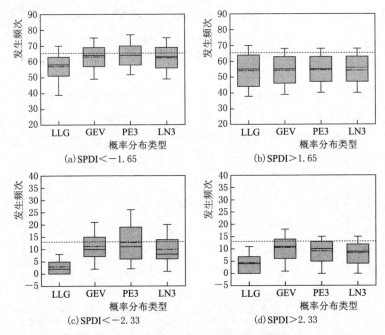

图 2.11　基于不同理论分布的各气象站不同时间尺度 SPDI 序列
特定值出现频次和理论值的比较

　　尽管皮尔逊Ⅲ型分布和广义极值分布对样本数据的拟合结果最接近，但前者在反映水分偏离 $\tilde{d}$ 的某些极值点概率时，存在一些缺陷。例如，对于较小的水分偏离 $\tilde{d}$ 值，皮尔逊Ⅲ型分布得到的累积概率值也极小，甚至很多概率值都为 0，这将会阻碍在相应极值点上估算 SPDI 指数值的标准正态转换过程。上述线性矩比图、拟合优度统计量和 SPDI 统计试验等最终表明，广义极值分布（GEV）能够作为不同时间尺度下水分偏离 $\tilde{d}$ 的最优理论分布，进而建立相应 SPDI 模型。图 2.10、图 2.11 中 LLG 为对数 Logistic 分布，GEV 为广义极值分布，PE3 为皮尔逊Ⅲ型分布，LN3 为对数正态分布。

2.4.2.4　广义极值分布及参数估计

根据广义极值分布（GEV），水分偏离 $\tilde{d}$ 序列的累积概率分布函数可表示如下：

$$F(x) = \exp\left\{-\left[1-\kappa\left(\frac{x-\mu}{\alpha}\right)\right]^{\frac{1}{\kappa}}\right\} \qquad (2.7)$$

式中：μ、α 和 κ 分别为广义极值分布的位置、尺度和形状参数；可以通过以下线性矩方法估计相应参数值，即[167]

$$\hat{\kappa} = 7.8590z + 2.9554z^2 \qquad (2.8)$$

$$\hat{\alpha} = \frac{\lambda_2\hat{\kappa}}{\Gamma(1+\hat{\kappa})(1-2^{-\hat{\kappa}})} \qquad (2.9)$$

$$\hat{\mu} = \lambda_1 + \frac{\hat{\alpha}}{\kappa}\left[\Gamma(1+\hat{\kappa})-1\right] \qquad (2.10)$$

其中：$z = 2/(3+\tau_3) - 0.6309$；$\tau_3 = \lambda_3/\lambda_2$ 为用线性矩表示的偏度，λ_1、λ_2 和 λ_3 是样本序列的前三阶线性矩，它们可分别表示为相应概率权重矩的线性组合：

$$\lambda_1 = \beta_0 \qquad (2.11)$$

$$\lambda_2 = \beta_0 - 2\beta_1 \qquad (2.12)$$

$$\lambda_3 = \beta_0 - 6\beta_1 + 6\beta_2 \qquad (2.13)$$

式中：β_0、β_1 和 β_2 是样本序列的前三阶概率权重矩，它们的无偏估计量分别为[167]

$$\beta_0 = \frac{1}{n}\sum_{j=1}^{n} x_j \qquad (2.14)$$

$$\beta_1 = \sum_{j=1}^{n-1}\left[\frac{n-j}{n(n-1)}\right]x_{(j)} \qquad (2.15)$$

$$\beta_2 = \sum_{j=1}^{n-2}\left[\frac{(n-j)(n-j-1)}{n(n-1)(n-2)}\right]x_{(j)} \qquad (2.16)$$

这里，x 是长度为 n 的样本序列，$x_{(j)}$ 代表其次序统计量，其中 $x_{(1)}$ 和 $x_{(n)}$ 分别表示最大和最小样本观测值，满足 $x_{(1)} \geqslant \cdots \geqslant x_{(j)} \geqslant \cdots \geqslant x_{(n)}$。

2.4.3　近似标准正态化过程

获得水分偏离 $\tilde{d}$ 序列的累积概率分布函数之后，可进一步根据近似正态化经典公式将累积概率值 $F(x)$ 转化为相应标准正态分布的分位数[170]，此即为 SPDI 指数值：

$$SPDI = W - \frac{a_0 + a_1 W + a_2 W^2}{1 + b_1 W + b_2 W^2 + b_3 W^3} \qquad (2.17)$$

$p = 1 - F(x)$ 为一定水分偏离值 $\tilde{d}$ 对应的超过概率，当 $p \leqslant 0.5$ 时，式（2.17）中 $W = \sqrt{-2\ln(p)}$，否则，$W = \sqrt{-2\ln(1-p)}$，同时计算的 SPDI 指数值符号取反；式（2.17）中其他常量取值分别为 $a_0 = 2.515517$，$a_1 = 0.802853$，$a_2 = 0.010328$，$b_1 = 1.432788$，$b_2 = 0.189269$，$b_3 = 0.001308$。据此计算的 SPDI 值近似服从均值为 0、标准差为 1 的标准正态分布，且与 SPI 和 SPEI 具有同样的旱涝等级划分标准。因此，特定 SPDI 指数值在任何地点不同时刻都具有同等的意义，代表相同的水分干湿状况，可直接与其他地点和时刻的 SPDI 值进行比较。

2.5 结果验证与分析

2.5.1 历史干旱序列多指数对比分析

根据上述基于 PDSI 土壤水平衡和水分偏离 $\tilde{d}$ 的 SPDI 替代标准化改进方法，分别计算了所用 12 个气象站 9 种累积时间步长（1、3、6、9、12、18、24、36 和 48 个月）的历史逐月 SPDI 指数时间序列（除西安站为 1931—2012 年，其他各站均为 1900—2012 年）。同时，估算和重建了各站历史同期 SPI、SPEI 和 SC - PDSI 月时间序列，以进行多指数对比分析。结果显示，对于大部分的站点和时间尺度，其 SPDI、SPI、SPEI 和 SC - PDSI 序列都表现出较强的一致性，各指数反映的历史旱涝交替过程总体吻合。例如，西安站 12 个月时间尺度 SPI、SPEI 和 SPDI 与 SC - PDSI 序列的对比情况见图 2.12，该站在 1931—2012 年间的气温变化比较微弱，仅为约 0.04℃/10 年，气温上升趋势不明显。西安站历史上比较严重的干旱时段主要出现在 20 世纪 30 年代、40 年代、1960 年前后、1980 年前后、90 年代和 2000 年之后的几年，SPI、SPEI、SPDI 和 SC - PDSI 指数对此都有非常明确的反映，并且它们各自的波动情况总体上差别不大，因而在指示历史旱涝状况时具有基本相同的效能。此外，在大部分气象站的不同时间尺度上，这 4 种指数序列的变化过程也比较接近，反映出的当地历史干旱时段也都基本一致。

圣保罗站 1900—2012 年的不同时间尺度（3、12 和 24 个月）SPDI 和 SC - PDSI 月序列对比情况见图 2.13。可以看出，该站干旱比较严重的时期包括 20 世纪 10 年代中后期、20 年代、40 年代、50 年代中期、60 年代、70 年代前半段和 21 世纪初的前十年，这些主要干旱时段都明显体现在不同时间尺

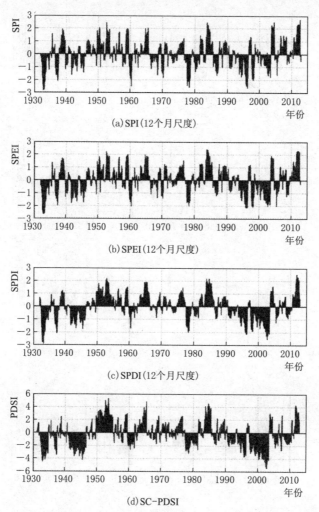

图 2.12　西安站 12 个月时间尺度 SPI、SPEI 和 SPDI 与相应 SC-PDSI 序列的比较

度 SPDI 和 SC-PDSI 的波动过程。同时，SC-PDSI 序列变化仅表现为少数持续时间较长的干、湿时段，而多时间尺度 SPDI 波动更为显著（例如 3 和 12 个月时间尺度），能够指示不同历时和烈度的干旱事件出现情况，有效反映旱涝程度对当地水分供需状况变化的敏感性。由于历时、烈度等多变量特征对干旱频率分析和多维分位数设计值推求具有重要意义，因此有理由认为，可以进行多时间窗宽观察的 SPDI 指数比 SC-PDSI 更具优势，便于在实际旱情监测与评估中灵活操作。

另一方面，全球气候变暖导致世界很多地区的气温普遍升高。目前研究的 12 个气象站中，圣保罗站、阿尔伯克基站和维也纳站过去 100 多年气温上升

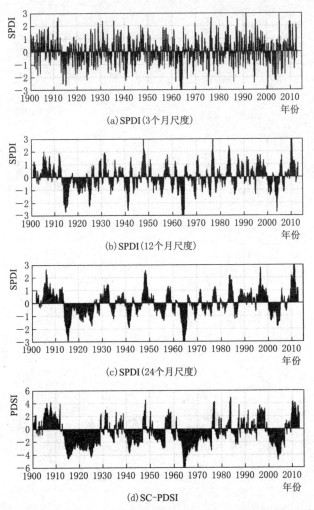

图 2.13　圣保罗站 3、12 和 24 个月时间尺度 SPDI 与相应 SC - PDSI 序列的比较

的趋势最显著，分别为 0.28℃/10 年、0.16℃/10 年和 0.14℃/10 年。下面对明显升温条件下，根据不同干旱指数识别的历史旱涝状况是否仍然一致进行进一步考察。圣保罗站气温上升最剧烈，该站 1900—2012 年期间 36 个月时间尺度 SPI、SPEI 和 SPDI 与 SC - PDSI 的对比情况见图 2.14。可以看出，这 4 种指数都能很好地捕捉到圣保罗站 1980 年之前的主要持续干旱时段。但是，与 SPEI、SPDI 和 SC - PDSI 相比，SPI 指数忽略了 20 世纪 80 年代发生在该站的中等程度干旱，而 21 世纪最初十年的持续严重干旱未能在 36 个月时间尺度 SPI 的波动中得到反映。由于 SPI 指数仅考虑了降水的变化，因而在气候发生变化的背景下，其对历史干旱时段的识别能力将受到很大限制。相反，SPDI

指数和 SPEI、SC - PDSI 一样，都能考虑到由于气温升高导致可能蒸散发增大而带来的额外需水量，适合于存在升温情况下的干旱监测。因此所有气象站特定时间尺度的 SPDI、SPEI 和 SC - PDSI 都具有很好的一致性。各气象站不同时间尺度 SPDI、SPEI 和相应 SC - PDSI 序列两两之间的 Pearson 相关系数见图 2.15。该图显示，各站所有时间尺度 SPDI 和 SPEI 之间都有极强的相关性，绝大多数相关系数的最小值都在 0.8 以上；各站点不同时间尺度 SPDI 和 SC - PDSI 也存在较强的相关性，其最大相关系数介于 0.77 和 0.91 之间，但各站相关系数的最大值对应不同的时间尺度，即大部分站点 9～12 个月时间尺度的相关系数达到最大，而蓬塔阿雷纳斯站、雅典站和圣保罗站的最大相关系数则分别出现在 6、24 和 36 个月时间尺度。各站不同时间尺度下 SPEI 和

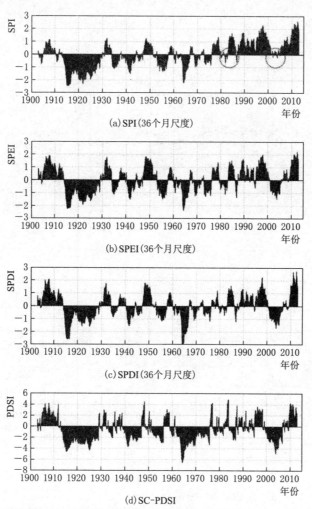

(a) SPI (36 个月尺度)

(b) SPEI (36 个月尺度)

(c) SPDI (36 个月尺度)

(d) SC-PDSI

图 2.14　圣保罗站 36 个月时间尺度 SPI、SPEI 和 SPDI 与相应 SC - PDSI 序列的比较

SC-PDSI 之间的相关性与 SPDI 和 SC-PDSI 的相关性比较类似，但前者的相关系数总体上要小于后者。总之，本章新建立的 SPDI 指数与 SPEI 和 SC-PDSI 非常一致且相关程度很高，SPDI 指数与 SPEI、SC-PDSI 之间的相关系数均大于 SPEI 和 SC-PDSI 之间的相关系数。

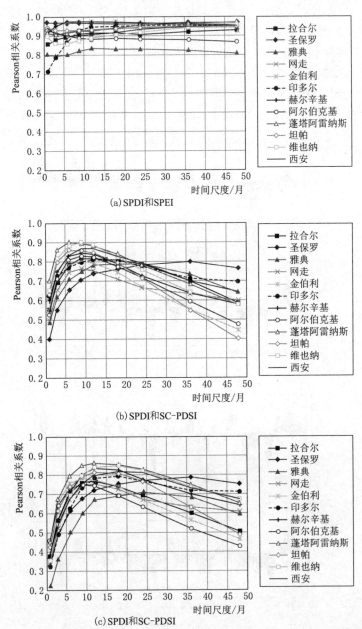

图 2.15　各气象站不同时间尺度 SPDI、SPEI 和相应 SC-PDSI 序列的相关性

2.5.2 SPDI 对气候条件变化的敏感性

气候变化可能导致世界范围内干旱频率增加和干旱程度加重,而其中降水和气温的时空变异将进一步加剧目前全球干旱化的趋势。前面已经提到,部分地区和站点的历史观测数据资料已经证明,过去一段时期的气温存在显著的上升趋势;另外,大量气候变化情景的预估结果也表明,未来全球降水量的波动将更加剧烈、降水极值事件将更为频繁,特别是某些内陆地区的降水量减小幅度可达 20%,这无疑会使因旱造成的损失成倍增加[171]。同时,气候变化对干旱风险的影响作用随时间和空间而改变。本章所构建的标准化帕尔默干旱指数 SPDI能反映不同时间尺度的干旱状态,而且能用于不同地点的空间比较,因此可为受气候变化影响的干旱监测与评估提供直观的数据信息。为了更好地预判干旱情势和应对最不利局面,本书提出以下三种假设情景:①气温逐渐升高 3℃;②降水逐渐减少 20%;③气温逐渐升高 3℃且降水逐渐减少 20%。分别对这些假设情景进行气候敏感性分析,并采用 SPDI 指数考查旱涝形势对潜在气候变化影响的响应规律。

圣保罗站现状气候条件和不同假设气候变化情景下 18 个月时间尺度 SPDI序列的变化情况及其存在的差别见图 2.16。在现状气候条件下,圣保罗站的

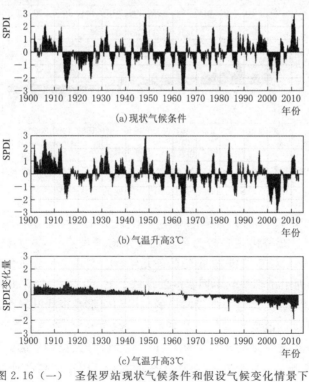

(a)现状气候条件

(b)气温升高3℃

(c)气温升高3℃

图 2.16(一) 圣保罗站现状气候条件和假设气候变化情景下
18 个月时间尺度 SPDI 序列的变化情况

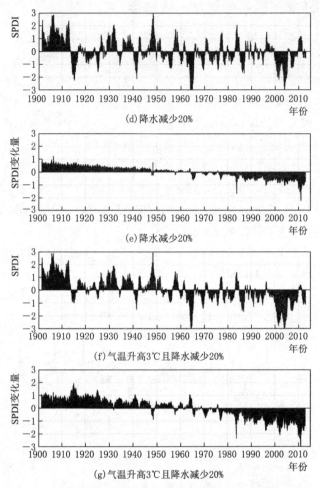

(d)降水减少20%

(e)降水减少20%

(f)气温升高3℃且降水减少20%

(g)气温升高3℃且降水减少20%

图 2.16（二）　圣保罗站现状气候条件和假设气候变化情景下
18 个月时间尺度 SPDI 序列的变化情况

气温在 1900—2012 年间已升高约 3℃，18 个月时间尺度 SPDI 反映的该站历史旱涝基本上呈交替出现，较为严重的干旱时段发生在 20 世纪 10 年代、20年代、40 年代、60 年代和 21 世纪的前几年。它们在三种假设气候变化情景对应的 SPDI 序列中也都得到不同程度的反映。然而，这个简单对比实验也清楚地表明，假如圣保罗站过去一段时期的气温和降水在现状气候条件的基础上继续发生一定程度的改变（如气温升高、降水减少），将在 20 世纪末和 21 世纪初观测到该站出现更多的干旱事件，且干旱的历时更长、旱情更严重。同时可以看到，气温升高 3℃ 和降水减少 20％ 所对应 SPDI 序列的变化情况非常接近，即气温和降水变化将对该地区未来的干旱风险带来类似的影响。另外，在气温升高和降水减少的假设情景下，重新计算的标准化 SPDI 序列显示 20 世纪前半段的干旱时段减少、干旱程度显著降低，相应偏涝的时段则明显增多（例如 20 世纪 20 年代和 30 年代）。以上信息，均可通过不同假设情景和现状气候条件 SPDI 序列的差值得到直观反映（图 2.16）。不同假设气候变化情景均指示 21 世纪初期圣保罗站将出现更为严重的干旱状况，其与气温和降水的显著变化有直接关系。此外，不同假设情景和现状条件下 SPDI 序列的差值也表明，圣保罗站的水分状况受到气温上升和降水减少的固定影响，例如，大致以 1960 年作为分界线，递减的湿润序列和递增的干旱序列将分别被叠加到最初的历史旱涝序列中，形成受气候变化影响的新旱涝交替过程。上述针对圣保罗站的分析结果，在其他具有类似气温上升情况的地点（如阿尔伯克基站和维也纳站）也是有效的。

2.5.3 讨论

以上在全球不同地区气象站的实例应用，揭示了本书所构建标准化帕尔默干旱指数 SPDI 的特性，同时可以对比分析 SPDI 相对于 SPI、SPEI 和 SC - PDSI 的潜在优势。与 SPI 相比，SPDI 能进一步考虑气温对干旱形成的影响，例如气温升高将导致可能蒸散发需水量增大，进而改变相应水分供需状况。相比 SPEI，SPDI 具有更强的物理基础，即考虑当地水分供给与需求的土壤水平衡，能够改善并统一不同地区水分异常对相应降水和气温变化的敏感性，显示出更好、更稳健的空间一致性和可比性。SPDI 与 SC - PDSI 相比最大的优势在于其能够进行多时间尺度分析，且计算非常简便；在用来刻画干旱特征时，SPDI 能够以几乎相同的效率，避免 SC - PDSI 对局地气候特征参数进行的繁复率定过程。由于 SPI 和 SPEI 仅基于对部分气象变量（主要是降水和气温）的分析，因而更多地被用于研究气象干旱；而 SPDI 采用的帕尔默土壤水平衡原理，能够在一定程度上衡量某些水文变量（如地表径流和土壤含水量等）的变化，因此具有部分地反映气象、农业和水文等综合干旱的意义。书中实例应用的计算结果显示，大多数时间尺度的 SPDI 都与相应 SPEI 和 SC - PDSI 序列比较接近且相关度很高，说明作为二者的混合模型，SPDI 指数能够和 SPEI、SC - PDSI 共同用于干旱分析与评估，以提供更多有价值的关键信息。此外，降水和气温发生变化的假设气候情景实验，也间接证明了 SPDI 反映气候变化对干旱影响（如干旱发生频次增加、历时变长、程度加重等）的能力和有效性。

2.6 本章小结

本章深入探讨了 SPEI 气候学水量平衡的可能问题与局限，对比分析了

PDSI 所定义土壤水量平衡的优越性；由于后者能够综合考虑一系列气象水文过程（降水、蒸散发、径流和土壤含水量），因而更加全面、合理。在此基础上，将 SPI/SPEI 的标准化指数理论与方法用于改进帕尔默干旱指数的标准化过程，将其发展成为一个新的多时间尺度干旱指标，即标准化帕尔默干旱指数（SPDI）。相应的改进标准化方法，能够保证特定的 SPDI 指数值在不同时空尺度上代表基本相同的异常干旱或湿润状况。主要结论可概括如下。

（1）基于 Thornthwaite 方法的 SPEI 水量偏差（降水量减去可能蒸散量）对气温的依赖性很强，且在全球不同气候条件和地区对降水和气温变化的响应差别较大，其结果具有明显的区域局限性，一定程度上会削弱 SPEI 指数的空间一致性与可比性。

（2）PDSI 采用的土壤水平衡模型具有一定物理机制，其定义的水分偏离（实际降水量减去气候适宜降水量）能够协调、统一不同气候区降水和气温变化可能对当地水分异常状况带来的影响作用，具有更优的时空一致性和可比性。

（3）基于帕尔默水分偏离序列的概率统计特性，SPDI 指数融合了 SPI/SPEI 计算简便和多时间尺度分析等优点，同时充分考虑了 PDSI 水分供需状况决定干旱情势的物理机制，适合于不同目标的干旱监测与评估。SPDI 也能捕捉气温升高和降水减少等气候条件变化的干旱响应。

第3章 帕尔默联合水分亏缺指数构建与应用

过去半个多世纪，帕尔默旱度指标在全球范围内被大量运用于干旱监测、评估及决策管理。在获得广泛认可和接受的同时，它也在应用中不断得到改进与发展。上一章介绍的标准化帕尔默干旱指数（SPDI）可以被视为帕尔默干旱指数（PI）和标准化干旱指数（SI）的结合体。在此基础上，本章进一步探讨基于 SPDI 的帕尔默联合水分亏缺指数（SPDI－JDI）构建过程。其中，多元联合概率分布根据 Copula 联结函数推求。SPDI－JDI 在本质上是一种多维标准化干旱指数，其物理基础仍然是帕尔默旱度模式下的土壤水分平衡。SPDI－JDI 能够融合不同时间尺度 SPDI 边缘分布的联合概率特性和多时间尺度干旱信息，综合反映水分的总体亏缺或盈余状态，并兼顾干旱初现和持续性等特点。

3.1 概述

实际上，第 2 章构建的标准化帕尔默干旱指数（SPDI）也可以被看做 SI 指数的一种。由此可以看出，帕尔默干旱指数（PI）和 SI 并非完全对立；相反，它们存在很多互补之处。作为二者的结合体，SPDI 在很大程度上融合了它们各自的优点，实现取长补短。另外，多变量标准化干旱指标的提出，突破了单一因子的局限，为充分考虑多种因素对干旱发生的共同影响提供了可能。基于以上考虑，可将不同时间尺度的 SPDI 通过 Copula 函数连接起来，建立帕尔默联合水分亏缺指数（SPDI－JDI），以融合多时间尺度旱情信息，最大程度实现干旱综合监测和评估的目标。根据降水量序列计算标准化降水指数（SPI），将类似标准化过程用于分析水分偏离 $\tilde{d}$ 的概率分布特性，即可得到标准化帕尔默干旱指数（SPDI）。为方便后续介绍，这里将第 2 章中 SPDI 指数的构建过程简单归纳如下（假设时间尺度为 k 个月）。

（1）根据计算得到的逐日水分偏离 $\tilde{d}$ 序列，在 k 个月时间步长上进行滑动累加，即 $X_k = \sum_k \tilde{d}$ 。

（2）根据不同结束月份，将水分偏离滑动累加序列 X_k 重新划分为 12 个子

序列 X_k^m，其中 $m=1$，2，$\cdots$，12 分别代表结束月份为 1 月份，2 月份，$\cdots\cdots$，12 月份的子序列 X_k^m。这样做是为了尽可能降低水分偏离序列中样本之间自相关性和季节性的影响。

（3）采用广义极值分布（GEV）分别拟合 12 个不同结束月份的水分偏离子序列 X_k^m，估算相应累积概率分布如下：

$$F_{X_k^m}(x_k^m)=\exp\left\{-\left[1-\kappa\left(\frac{x_k^m-\mu}{\alpha}\right)\right]^{\frac{1}{\kappa}}\right\} \tag{3.1}$$

式中：μ、α 和 κ 分别为 GEV 分布的位置、尺度和形状参数，可由线性矩法进行估计[168]。

（4）若某一结束月份水分偏离的累积概率分布为 $F_{X_k^m}(x_k^m)$，对其进行标准正态分布的逆运算，即可得到相应的SPDI$_k^m$ 指数值：

$$SPDI_k^m=\Phi^{-1}(F_{X_k^m}(x_k^m)) \tag{3.2}$$

以上步骤针对不同结束月份分别进行计算，将得到相应 12 个SPDI$_k^m$（$m=$1，2，$\cdots$，12）子序列，它们在时间上是不连续的；因此，在使用之前还需将这些SPDI$_k^m$ 计算结果进行重新组合，依时间顺序排列，最终得到 k 个月时间尺度的干旱指数时间序列SPDI$_k$。上述标准化过程使得计算的 SPDI 指数值近似服从均值为 0、方差为 1 的标准正态分布，且具有和 SPI 相同的旱涝等级划分临界值（表 3.1）。

表 3.1　　　　　　　　　　PDSI 和 SPDI 的旱涝等级划分

经验频率/%	旱涝等级	PDSI 值	SPDI 值
2~5	极涝	$\geqslant 4.00$	$\geqslant 2.00$
5~10	重涝	3.00~3.99	1.50~1.99
10~20	中涝	2.00~2.99	1.00~1.49
20~30	轻涝	1.00~1.99	0.00~0.99
20~30	轻旱	$-1.99\sim-1.00$	$-0.99\sim0.00$
10~20	中旱	$-2.99\sim-2.00$	$-1.49\sim-1.00$
5~10	重旱	$-3.99\sim-3.00$	$-1.99\sim-1.50$
2~5	极旱	$\leqslant-4.00$	$\leqslant-2.00$

3.2　Copula 函数理论

Copula 最初来源于拉丁文，有"联结、联系"的意思，因此 Copula 函数一般又被称为联结（或连接）函数。Sklar 最早在数学或统计学中使用了 Copula 这一术语[172]，后来人们即用 Copula 来命名一种函数，这类函数最大的特点是可以将多个随机变量的边缘分布通过特定的方式"连接"起来，从而得到它们的联合分布。而且 Copula 函数可以不受其他限制，采用各种各样的边缘分布来构造联合分布，具有灵活方便和适用范围广泛等优点。

3.2.1　Copula 函数的定义

设有 n 个随机变量 X_1，X_2，$\cdots$，X_n，其边缘分布函数分别为 $F_1(x_1)$，$F_2(x_2)$，$\cdots$，$F_n(x_n)$，则随机变量 X_1，X_2，$\cdots$，X_n 的联合分布可定义为

$$H(x_1,x_2,\cdots,x_n)=P[X_1{\leqslant}x_1,X_2{\leqslant}x_2,\cdots,X_n{\leqslant}x_n] \tag{3.3}$$

简记为 H。Copula 是定义域为 [0，1] 均匀分布的多维联合分布函数，而任意一个边缘分布函数 $F_1(x_1)$，$F_2(x_2)$，$\cdots$，$F_n(x_n)$ 都是在 [0，1] 区间上均匀分布的随机变量，因此它可以将多个随机变量的边缘分布连接起来得到联合分布，即多变量分布函数 H 可以写为

$$C(F_1(x_1),F_2(x_2),\cdots,F_n(x_n))=H(x_1,x_2,\cdots,x_n) \tag{3.4}$$

式中：C 为 Copula 联结函数，其本质就是边缘分布为 $F_1(x_1)$，$F_2(x_2)$，$\cdots$，$F_n(x_n)$ 的随机变量 X_1，X_2，$\cdots$，X_n 的多元联合分布；N 个边缘分布函数 $F_1(x_1)$，$F_2(x_2)$，$\cdots$，$F_n(x_n)$ 可以属于相同的分布类型，也可以属于不同的分布类型，这也是采用 Copula 联结函数构建多变量联合分布函数的最大优点。因此，欲得到多变量联合分布 H 的问题即变为确定函数 C 的过程，Copula 理论为求解联合分布函数提供了另外一种思路和方法。

3.2.2　Copula 函数的性质

Sklar 定理[172]：令 H 为一个 n 维分布函数，其边缘分布为 F_1，F_2，$\cdots$，F_n，则存在一个 n 维 Copula 函数 C，使得对任意 $x{\in}R^n$ 有

$$H(x_1,x_2,\cdots,x_n)=C(F_1(x_1),F_2(x_2),\cdots,F_n(x_n)) \tag{3.5}$$

如果 F_1，F_2，$\cdots$，F_n 是连续的，则 C 是唯一的；相反，如果 C 是一个 n - Copula，F_1，F_2，$\cdots$，F_n 为分布函数，则上式中所定义的函数 H 是一个 n 维分布函数，且其边缘分布为 F_1，F_2，$\cdots$，F_n。该定理表明：Copula 函数能独立于随机变量的边缘分布来反映随机变量的相关性结构，从而可将联合分布分为变量的边缘分布和变量间的相关性结构两个独立的部分来分别处理，其中相关性结构可以用 Copula 函数来描述。这样做的优点在于不必要求所有变量具有相同的边缘分布，任意的边缘分布经过 Copula 函数连接都可构造成联合分布，由于变量的所有信息都包含在边缘分布里，在转换过程中不会发生信息缺失[51]。

3.2.3　Copula 函数的分类

Copula 函数种类很多，比较常用的总体上可以划分为 3 类：椭圆型、阿基米德型和二次型。根据构造方式的不同，Copula 联结函数又可以分为对称型和非对称型两种。例如，对称阿基米德 Copula 函数具有构造简单、仅含一个参数和求解容易等特点，因而被广泛应用于多变量水文频率计算。其中，最常用的二维对称阿基米德 Copula 函数包括：Clayton、Ali - Mikhail - Haq（AMH）、Gumbel - Houggard（GH）和 Frank Copula 等。但由于受到变量相关性结构的限制，它们不能从二维直接拓展到三维以上的联合分布。椭圆型 Copula 函数中的高斯（Gaussian）和学生氏 t - Copula 也经常被用来构建多变量联合分布函数，这很大程度上因为它们的二维到多维（三维以上）拓展应用很容易实现。此外，其他类型的 Copula 联结函数，如非对称阿基米德 Copula（包括嵌套型、层次型和配对型等）、Plackette Copula 和混合 Copula 等在多变量水文分析计算中也有一定应用。不同类型的 Copula 函数以特定的方式将各变量的边缘分布（具有任意形式）连接起来生成多元联合分布，其所包含的参数个数不尽相同，而且复杂程度差别很大；不同类型 Copula 函数所能描述变量间的相关程度与相关性结构也不相同。

3.2.4　Copula 函数参数估计方法

Copula 函数参数估计的方法大致分为 3 类：①相关性指标法，即根据 Kendall 秩相关系数 τ 与 Copula 参数的函数关系间接求得，相应参数估计值的置信区间较短、结果稳定，但该方法仅适用于 Copula 参数和 τ 之间具有明确、显式表达关系的情况，例如常用的二维对称阿基米德 Copula 函数，其他大多数 Copula 联结函数并不满足这一条件；②适线法，即在一定的适线准则下，求解与经验点据拟合最优的 Copula 联合分布频率曲线所对应的统计参数，该方法操作相对复杂，且参数估计值主观不确定性较大，因此实际中较少用到；③极大似然法，对于三维及以上的 Copula 函数，相关性指标法不再适用，此时大多采用极大似然法进行参数估计，根据对数似然函数构造方式的不同，又可以分为精确极大似然法（即一阶段法，或称全极大似然法）和边缘函数推断法（两阶段法）。另外，半参数法也能用于部分 Copula 联结函数的参数估计。

3.3　帕尔默联合水分亏缺指数

首先需要说明，这里并非直接采用求得的 SPDI 指数本身，而是将不同时间尺度水分偏离序列的累积概率分布作为边缘分布，通过 Copula 函数构建相应联合概率分布，进而推求基于 SPDI 的帕尔默联合水分亏缺指数（SPDI-JDI）。因此，与 SPDI 的计算过程相同，k 个月时间尺度的水分偏离滑动累积序列 X_k 仍然被拆分为 12 个不同结束月份的子序列 $X_k^m (m=1，2，\cdots，12)$，然后运用 GEV 分布分别拟合每一个子序列 X_k^m 得到相应累积概率 $F_{X_k^m}(x_k^m)$，最后再将这些概率值依时间顺序重新排列组合即为 k 个月时间尺度所对应水分偏离的累积概率 $F_{X_k}(x_k)$。如果考虑多个时间尺度（即有一系列 k 值），相应可求得多个边缘概率分布，即 $u_j = F_{X_j}(x_j)$，$j=1，2，\cdots，d$。其中，d 为边缘分布或时间尺度的维数。根据 Copula 理论，在这种情况下存在唯一的 d 维 Copula 函数 $C_{U_1,\cdots,U_d}$ 满足[172,173]：

$$H_{X_1,\cdots,X_d}(x_1,\cdots,x_d) = C_{F_{X_1},\cdots,F_{X_d}}(F_{X_1}(x_1),\cdots,F_{X_d}(x_d))$$
$$= C_{U_1,\cdots,U_d}(u_1,\cdots,u_d) \tag{3.6}$$

式中：u_j 代表第 j 个边缘分布；$H_{X_1,\cdots,X_d}$ 为多变量样本 $\{X_1，\cdots，X_d\}$ 的联合累积概率分布函数。

作为模拟多维相关性结构的有效工具，经验 Copulas 和参数 Copulas 函数均可用来联结已知 d 维边缘分布 $u_j(j=1，2，\cdots，d)$，从而得到相应联合概率分布 $C_{U_1,\cdots,U_d}$。

3.3.1 经验 Copula 方法

经验 Copula 函数本质上是一种秩相关关系的非参数表达，可用来推求多变量联合累积概率的经验估计值[173]。对于长度为 n 的 d 维变量 $\{X_1，\cdots，X_d\}$，其经验 Copula 函数 C_n 可以写为

$$C_n\left(\frac{\lambda_1}{n},\frac{\lambda_2}{n},\cdots,\frac{\lambda_d}{n}\right) = \frac{a}{n} \tag{3.7}$$

式中：a 代表样本 $\{x_1，\cdots，x_d\}$ 中满足 $x_1 \leqslant x_{1(\lambda_1)} \bigcap \cdots \bigcap x_d \leqslant x_{d(\lambda_d)}$ 的个数；其中，$x_{1(\lambda_1)}，\cdots，x_{d(\lambda_d)}(1 \leqslant \lambda_1 \leqslant \cdots \leqslant \lambda_d \leqslant n)$ 为 d 维变量 $\{X_1，\cdots，X_d\}$ 的秩统计量。

经验 Copula 函数最大的优势在于其构造相对简单，计算方便、高效。为了较好考虑干旱的持续特性，本书研究中将 24 个月作为分析的最长时间尺度。为此，需要构建一个 24 维的经验 Copula 函数模型，其 24 个维度分别对应时间尺度 $k=1，2，\cdots，24$ 个月的水分偏离序列的边缘概率分布。

3.3.2 参数 Copula 方法

与经验 Copula 相比，参数 Copula 函数的构建和计算都要复杂得多，但

同时能够更准确地模拟多维相关性结构，并估算相应联合概率分布。然而，高维 $(d \geqslant 3)$ 参数 Copula 函数模型的构建和应用目前都还比较有限。这主要是因为，很多在 2 维问题中表现很好的 Copula 函数（例如阿基米德 Copula 函数），在直接拓展到 3 维或更高维度空间时，仍面临巨大的困难[173,174]。尽管如此，作为一类特殊的 Copula 函数族，椭圆 Copula 函数却能较为灵活、方便地模拟 3 维以上的联合概率分布问题。因此，在本书研究中将采用椭圆 Copula 函数族中最重要的两类，即 Gaussian 和 Student t Copula 函数作为不同时间尺度 $(k$ 个月$)$ 水分偏离序列 X_k 的相关性模型，并据此构建相应多元联合概率分布。

d 维 Gaussian Copula 函数的表达式如下：

$$
\begin{aligned}
C_{U_1, \cdots, U_d}(u_1, \cdots, u_d; \textstyle\sum) &= \Phi_\Sigma \left[\Phi^{-1}(u_1), \cdots, \Phi^{-1}(u_d) \right] \\
&= \int_\infty^{\Phi^{-1}(u_1)} \cdots \int_{-\infty}^{\Phi^{-1}(u_d)} \frac{1}{(2\pi)^{\frac{3}{2}} |\textstyle\sum|^{\frac{1}{2}}} \exp\left(-\frac{1}{2} \boldsymbol{w} \textstyle\sum^{-1} \boldsymbol{w}^{\mathrm{T}} \right) \mathrm{d}w_1 \cdots \mathrm{d}w_d
\end{aligned}
$$

$$(3.8)$$

式中：Φ 代表一维标准正态分布的累积概率分布函数；Φ_Σ 为多元正态分布的联合累积概率分布函数；Σ 是 Gaussian Copula 函数的参数，它是一个对称的协方差矩阵，其中元素可由变量间的秩相关系数进行估计；$\boldsymbol{w} = [w_1, \cdots, w_d]$ 代表相应积分变量。

类似地，d 维 Student t Copula 函数可表示为

$$
\begin{aligned}
C_{U_1, \cdots, U_d}(u_1, \cdots, u_d; \textstyle\sum, v) &= T_{\Sigma, v} \left[T_v^{-1}(u_1), \cdots, T_v^{-1}(u_d) \right] \\
&= \int_{-\infty}^{T_v^{-1}(u_1)} \cdots \int_{-\infty}^{T_v^{-1}(u_d)} \frac{\Gamma\left(\dfrac{v+3}{2}\right)}{\Gamma\left(\dfrac{v}{2}\right)} \frac{1}{(\pi v)^{\frac{3}{2}} |\textstyle\sum|^{\frac{1}{2}}} \\
&\quad \left(1 + \frac{\boldsymbol{w} \textstyle\sum^{-1} \boldsymbol{w}^{\mathrm{T}}}{v} \right)^{-\frac{v+3}{2}} \mathrm{d}w_1 \cdots \mathrm{d}w_d
\end{aligned}
$$

$$(3.9)$$

式中：T_v 表示一维 Student t 分布的累积概率分布函数；$T_{\Sigma, v}$ 为多元 Student t 分布的联合累积概率分布函数；v 是相应 Student t 分布的自由度；$\Gamma(\,\cdot\,)$ 为伽玛函数；其他符号的含义同前。

理论上，椭圆 Copula 函数能够用来构造任意维数的联合概率分布；但是对于较高的维数，其计算量可能会异常巨大，在实际中无法应用。从实用角度出发，需要尽可能降低所研究问题的维数；同时，必须考虑尽可能多的边缘信息，以更好地揭示干旱的持续特性。综合以上两个方面，对于参数 Copula 函数模型，本书选取 5 个具有代表性的时间尺度，即 $k=1$（单月），3（季节），

6（半年），12（一年）和 24（两年）来反映干旱的边缘概率分布特征，并据此推求相应 5 维联合概率分布函数。

3.3.3 Kendall 分布函数

如前所述，一个 d 维 Copula 函数能够在相应 d 维空间给出边缘样本 $\{u_1, \cdots, u_d\}$ 的累积概率测度 $P[U_1 \leqslant u_1, \cdots, U_d \leqslant u_d] = q$，它实际上反映了所有边缘分布的联合概率影响。在干旱分析中，累积概率 q 恰好可以表征水分的联合亏缺状态：q 值越小，代表水分总体呈现亏缺的状况（旱）越严重；q 值较大，则指示潜在的水分盈余（涝）。Kendall 分布函数 K_C 可以被看作 Copula 函数的概率分布函数，它被定义为集合 $\{(U_1, \cdots, U_d) \in [0,1]^d \mid C_{U_1, \cdots, U_d}(u_1, \cdots, u_d) \leqslant q\}$ 上的概率测度，即

$$K_C(q) = P[C_{U_1, \cdots, U_d}(u_1, \cdots, u_d) \leqslant q] \tag{3.10}$$

Kendall 分布函数 K_C 的重要意义在于量化 Copula 值小于等于某一累积概率水平 q 的概率，而 q 可以作为标定不同等级旱/涝状态的阈值。如此一来，K_C 实际上是将多维空间的概率测度投射/映射到一维尺度，从而使所研究的问题变得容易理解。

目前，对于绝大多数的非阿基米德 Copula 函数而言，例如本书将要用到的椭圆 Copula 函数，其 Kendall 分布函数 K_C 尚没有确切的解析表达形式。因此，在使用时需要借助蒙特卡罗模拟方法，定义如下的经验 Kendall 分布函数 K_{C_n}

$$K_{C_n}\left(\frac{l}{n}\right) = \frac{b}{n}, l = 1, \cdots, n \tag{3.11}$$

式中：b 为样本 $\{x_1, \cdots, x_d\}$ 中满足 $C_n(\lambda_1/n, \cdots, \lambda_d/n) \leqslant l/n$ 的个数。

3.3.4 SPDI-JDI 标准正态化

综上所述，首先根据不同时间尺度（$k=1, \cdots, d$）水分偏离序列 X_k，由 Copula 函数模型求得多维累积联合概率 q，作为联合水分亏缺状态的指标值；然后，通过 Kendall 分布函数 K_C 估算 q 的一维概率测度 $K_C(q)$；最后，反求 $K_C(q)$ 所对应的一维标准正态分位数，以此作为 SPDI-JDI 指数值。因此，基于 SPDI 的帕尔默联合水分亏缺指数 SPDI-JDI 可最终定义如下：

$$\begin{aligned}
\text{SPDI-JDI} &= \Phi^{-1}(K_C(q)) = \Phi^{-1}(P[C_{U_1, \cdots, U_d}(u_1, \cdots, u_d) \leqslant q]) \\
&= \Phi^{-1}(P[C_{F_{X_1}, \cdots, F_{X_d}}(F_{X_1}(x_1), \cdots, F_{X_d}(x_d)) \leqslant q])
\end{aligned} \tag{3.12}$$

显然，这里定义的 SPDI-JDI 指数仍然近似服从标准正态分布，可以采

用和 SPI、SPDI 相同的旱涝等级划分标准（表 3.1）。具体来说，负的 SPDI - JDI 值，指示潜在的干旱状态；SPDI - JDI 值等于或大于 0，则代表正常或偏涝的水分状况。

3.4　全球代表站点干旱分析

作为示例，本节将以上定义的 SPDI 和 SPDI - JDI 指数用于分析全球不同地区代表站点的干旱，以检验它们的有效性和可靠性[175]。

3.4.1　数据说明

与第 2 章相同，这里仍然选用相应 12 个 WMO 观测站点的数据，有关这些气象站的位置、气候特征、数据类型及系列长度和数据来源等在前文已有详细介绍，此处不再赘述。此外，美国国家干旱监测产品（USDM）的相关数据也被用来定量评估 SPDI - JDI 指数在其中 2 个气象站的干旱监测结果。考虑到 USDM 的监测结果是每周发布一次，因此选择其中最接近月末的监测数据同 SPDI - JDI 指数月序列进行对比分析。

3.4.2　PDSI 和 SPDI 时空特征对比分析

考虑到标准化帕尔默干旱指数 SPDI 和 PDSI 具有完全相同的物理基础，因此首先分析这两种指数的时空变化特征。在全球 12 个气象站点，PDSI 和 SPDI 长时间序列统计特征（均值和方差）的空间差异性见图 3.1。结果显示，PDSI 指数的均值和方差在不同气象站之间都存在较大变率，特别是方差；而 SPDI 指数的均值和方差分别近似等于 0 和 1，在不同站点之间几乎不存在差别。不同气象站由 PDSI 和 SPDI 所反映的历史旱涝发生频率见图 3.2。对比表 3.1 中 PDSI 和 SPDI 各等级旱涝的经验频率[97,105]，可以看出：PDSI 指数明显高估了各等级旱涝的发生频率，且对于相同等级（中等、严重或极端）的旱涝状况，PDSI 所反映的频率在不同站点之间差别很大，尤其是中等和严重旱涝；相反，SPDI 指数反映出的各等级旱涝发生频率和相应经验范围基本一致，相同等级旱涝出现的频率比较接近，且在不同气象站差别不大。上述比较结果表明，SPDI 指数较 PDSI 具有更好的稳健性和空间一致性（可比性）。换言之，特定 SPDI 值在不同时间、地点具有稳定的频率，代表基本相同的水分干湿状况，可直接与其他时间或空间上的 SPDI 指数进行比较。不仅如此，作为合适的边缘分布，SPDI 的多时间尺度特征为应用 Copulas 函数构建其联合分布和推求联合水分亏缺指数 SPDI - JDI 奠定了基础；SPDI 指数的统计特性和优势在 SPDI - JDI 中保留。

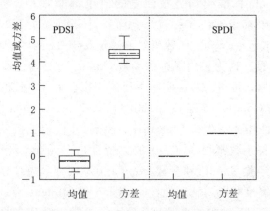

图 3.1 不同气象站 PDSI 和 SPDI 均值和方差的空间变化

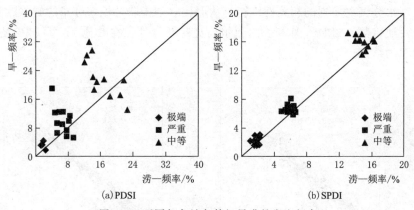

图 3.2 不同气象站各等级旱涝的发生频率

3.4.3 经验与参数 Copula 方法对比分析

3.4.3.1 联合概率分布

本书同时采用经验 Copula 和参数 Copula 作为不同时间尺度（k 个月）水分偏离序列 X_k 的相关性模型，分别推求相应多变量联合累积概率和 SPDI-JDI 时间序列。具体来说，24 维经验 Copula 函数用来模拟 X_k（$k=1$, 2, …, 24）的相关性结构；5 维 Gaussian 和 Student t Copula 函数用来模拟 X_k（$k=1$, 3, 6, 12, 24）的相关性结构。以阿尔伯克基气象站为例（图 3.3），由 24 维经验 Copula 求得的联合概率和 5 维 Gaussian、Student t Copula 的计算结果都非常接近。可以看到，相应经验 Copula 和两种参数 Copula 都高度相关，其线性相关系数均超过 0.99。以经验 Copula 的计算结果作为基准，Gaussian

和 Student t Copula 标准化均方根误差的值也都非常小，分别为 0.0581 和 0.0576。这些结果都说明，尽管仅考虑了 5 个不连续时间尺度的边缘分布，Gaussian 和 Student t Copula 函数仍然能够反映出 24 维经验 Copula 函数所包含的绝大部分信息。这为采用降维的参数 Copula 方法构建联合干旱指数提供了有力的理论依据，可进一步在实际中得到应用。表 3.2 同时给出了阿尔伯克基站、24 维经验 Copula、5 维 Gaussian 和 Student t Copula 之间的相关系数，包括 Pearson 线性相关系数和 Spearman、Kendall 秩相关系数。可以看到，它们两两之间的相关系数都很高（＞0.9），特别是 Pearson 和 Spearman 相关系数的值，即采用经验 Copula 和参数 Copula 由不同维数边缘分布所得到的联合概率非常一致、高度相关。特别地，Gaussian 和 Student t Copula 的相关系数近似为 1，表明它们反映出的多时间尺度水分异常边缘分布的联合概率特性几乎完全相同。因此，5 维 Gaussian 和 Student t Copula 函数均可用来模拟多时间尺度水分偏离序列的相关性结构，从而建立基于联合概率分布的帕尔默联合水分亏缺指数（SPDI-JDI）。除阿尔伯克基站以外，在其他 11 个气象站也都有类似的结果。

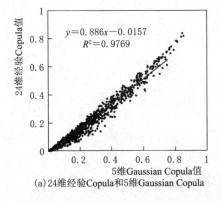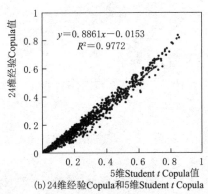

图 3.3 经验 Copula 和参数 Copula 联合概率分布的比较（阿尔伯克基站）

表 3.2 经验和参数 Copula 联合概率的相关系数（阿尔伯克基站）

经验或参数 Copula	相 关 系 数		
	Pearson	Spearman	Kendall
经验-Gaussian	0.99	0.99	0.92
经验-Student t	0.99	0.99	0.92
Gaussian-Student t	1.00	1.00	1.00

然而，与 Gaussian Copula 相比，Student t Copula 函数的计算耗时非常巨

大。尽管参数 Copula 的维数已经大大降低，构建一个 5 维 Student *t* Copula 相关性结构模型和完成单一站点的相关计算，也要花费至少几十分钟甚至几个小时，计算效率很低。因此，从实用、简便的角度出发，后续仅分析与探讨基于 24 维经验 Copula 和 5 维 Gaussian Copula 的相关计算结果。

3.4.3.2 SPDI-JDI 时间序列

相应地，分别由 24 维经验 Copula 和 5 维 Gaussian Copula 求得的阿尔伯克基气象站 SPDI-JDI 时间序列如图 3.4 所示。其中，SPDI-JDI 指数序列自

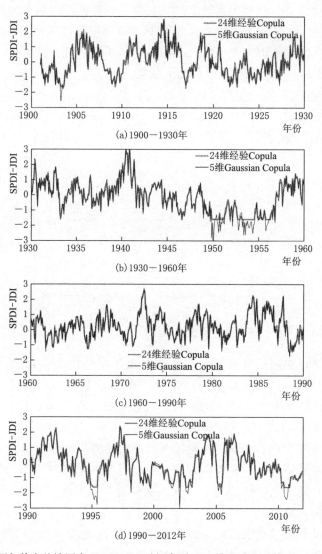

(a) 1900—1930年

(b) 1930—1960年

(c) 1960—1990年

(d) 1990—2012年

图 3.4　阿尔伯克基站历史 SPDI-JDI 时间序列（24 维经验和 5 维 Gaussian Copula）

1901 年 12 月开始，这是因为对于最长时间尺度为 24 个月的边缘分布而言，相应水分偏离 X_{24} 也从第 24 个月开始。从图 3.4 中可以看出，在 1902—2012 年期间，根据不同 Copula 函数模型计算的两个 SPDI - JDI 序列非常接近且波动基本一致，仅在少数极端干旱时段存在明显差别。总体来讲，二者彼此很接近，在绝大多数时期差异都很小，反映出几乎相同的旱涝时段及其交替转换特征。此外，相关系数结果进一步表明所有气象站经验 Copula 和 Gaussian Copula 计算的 SPDI - JDI 之间都有很好的相关性（图 3.5）。Pearson 相关系数显示，它们之间的线性相关程度最高，且各站点之间差别不大。同样，由 Spearman 和 Kendall 秩相关系数的结果来看，二者也存在显著的非线性关系，且相关系数都在 0.9 以上。这些结果表明，相对于更高维的经验 Copula，运用较低维数参数 Copula（如 5 维 Gaussian Copula）所建立的 SPDI - JDI 指数，也完全能够提供足够多用于旱涝评估的信息。

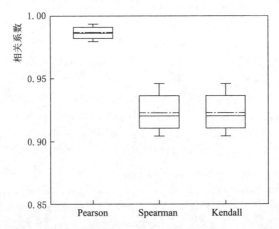

图 3.5　各气象站 24 维经验和 5 维 Gaussian Copula 相应 SPDI - JDI 的相关系数

另一方面，前面已经提到，对主要严重干旱时段而言，根据 24 维经验 Copula 和 5 维 Gaussian Copula 得到的 SPDI - JDI 指数值差别很大（图 3.4）。其原因是，这些严重干旱时段所对应的联合累积概率值都非常小，超出了 24 维经验 Copula C_{24} 所能表达概率值的范围（下限），从而不可避免地导致计算的 SPDI - JDI 序列存在明显的截断误差。换句话说，24 维经验 Copula 估算的经验联合累积概率具有"截断"现象，由此计算的 SPDI - JDI 指数也将存在特定下限，其值不能达到极端干旱状态的阈值，因此无法指示相应的干旱状况。例如，阿尔伯克基气象站基于 24 维经验 Copula 和 5 维 Gaussian Copula 的 SPDI - JDI 指数值的散点图，以及它们各自的经验频率直方图见图 3.6。从图中能够看到，由 24 维经验 Copula 计算的 SPDI - JDI 值存在明显的"截断"，其值在下尾部异常集中，相应经验频率表现出厚尾特征。根据定义，SPDI－JDI 指数值应该近似服从标准正态分布，以保证其值在时间和空间上是可比的。从图中直方图和标准正态曲线的匹配情况可以发现，由 5 维 Gaussian Copula 求得的全部、24 维经验 Copula 求得的绝大部分 SPDI－JDI 值都满足这一特性。然而，当实际联合概率超出经验 Copula 的下限时，只能将某一相同较小概率值对应的正态分位数作为相应 SPDI－JDI 指数值，由于它们在数值上一样小，故无法衡量或对比严重干旱的程度。从这个角度来看，5 维 Gaussian Copula 较 24 维经验 Copula 更具优势，虽然后者具有更高的计算效率。因此，在本书后续研究中将重点关注采用 5 维 Gaussian Copula 函数构建的帕尔默联合水分亏缺指数 SPDI－JDI，但这并不意味 24 维经验 Copula 函数方法不适用。相反，尽管根据 24 维经验 Copula 和 5 维 Gaussian Copula 计算的 SPDI－JDI 时间序列存在一定差别，但也都仅限于极端干旱的情形；而采用这两种 Copula 函数模型得到的 SPDI－JDI 指数，在指示旱涝时段发生及其交替转换规律方面几乎不存在差别。

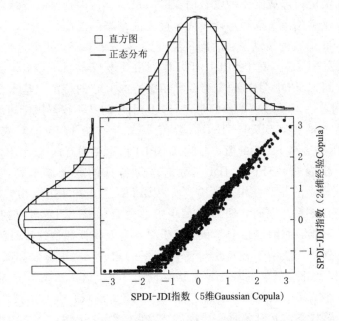

图 3.6 阿尔伯克基站 SPDI－JDI 指数值及其频率分布的
比较（24 维经验和 5 维 Gaussian Copula）

3.4.4 多时间尺度干旱信息融合

与 SPI 类似，根据水分偏离概率特性建立的 SPDI 指数，能够在多个时间尺度上进行计算，从而更为准确地比较水分异常状况在时间和空间上的变化情况。这类干旱指数的最大优势在于，它们不仅能够在不同时间窗宽上灵活地分析水分供给状况，而且直观的概率特性也非常便于结果判读和理解。比如，较短的历时一般与农业生产密切相关，而长历时则更适合用于分析干旱的水文影响。在实际应用中，很难对干旱状况作出一个综合性的评估；但有时综合评估干旱状况具有重要意义。例如对兼顾日常生活供水和作物灌溉的系统而言，干旱的影响必然是多方面的，不能仅从某个时间尺度分析潜在的缺水风险。此时，如果单独使用 SPDI（或 SPI）指数来揭示当前旱涝状况，则很可能引起困惑。最常见的情况是，对于某一特定月份，不同时间尺度的 SPDI 指数（如 3 个月 SPDI-3 或 6 个月 SPDI-6）可能指示不一致甚至相反的旱涝状况。而且，短历时 SPDI 指数（如 SPDI-1）用于捕捉初始干旱反应灵敏，却不能有效反映干旱的持续特性；相反，长历时 SPDI 指数（如 SPDI-24）在揭示持续干旱方面表现优越，但对水分状况的突变敏感性较低，容易遗漏潜在干旱的出现。本章所构建的帕尔默联合水分亏缺指数 SPDI-JDI，通过融合所有边缘分布的相关性结构，形成唯一的联合内在时间尺度，从而提供一个综合的评估结果，能够有效避免由于选择不同时间尺度可能带来的混乱。例如，阿尔伯克基站 SPDI-JDI 指数的波动及各时间尺度（1、3、6、12 和 24 个月）边缘 SPDI 指数的范围见图 3.7，其中 SPDI-JDI 序列由 5 维 Gaussian Copula 计算得到。可以明显看到，SPDI-JDI 确实综合了相应边缘分布的特征，基本在边缘 SPDI 的范围内波动。不过更重要的是，SPDI-JDI 却又不仅局限于边缘 SPDI 的范围，在某些时段，SPDI-JDI 指数值要大于（如 1992.12）或小于（如 1996.05）所有边缘 SPDI 的值，较边缘 SPDI 指示更为湿润或干旱的状况。这些结果进一步表明，SPDI-JDI 指数对干旱特征的联合概率表达，有赖于 Copula 函数模型的非线性相关结构，所得 SPDI-JDI 并非边缘 SPDI 的简单加权平均或类似关系。同时，SPDI-JDI 指数融合边缘 SPDI 多时间尺度的特性，也使得它能够兼顾初始干旱和持续干旱，有效降低评估的片面性。

阿尔伯克基气象站 4 种特定旱涝情形下的边缘 SPDI 指数和联合 SPDI-JDI 指数，以及相应的前期水分异常状况见图 3.8，该图从细节方面更为清楚地揭示了上述结果。具体来说，图 3.8（a）、图 3.8（c）显示了该站 1956 年 9 月的全面干旱状态，此时各时间尺度的 SPDI 指数（SPDI-1、SPDI-3、SPDI-6、SPDI-12 和 SPDI-24）都为负值，预示严重的水分亏缺和中等以上的干旱状况。相应地，在此之前不同时段（1、3、6、12 和 24 个月）的累积水分偏离均为负值且接近相应极小值，尤其是 1 个月和 12 个月的累积水分亏缺最严重，导致所计算的 SPDI-1 和 SPDI-12 值均小于 -2.0。SPDI-JDI 联合指数的计算结果也印证了该时刻的干旱状态，其值小于 -2.0，指示极端

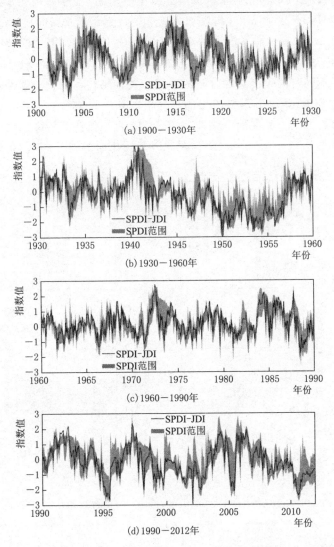

图 3.7   阿尔伯克基站历史 SPDI-JDI 指数与各时间尺度边缘 SPDI 指数的对比

干旱状况的发生,可以看到,相应 SPDI-JDI 的值较所有边缘 SPDI 都要小,即干旱程度更严重。图 3.8(b)、图 3.8(d)则是完全相反的情形,即在 1999 年 12 月,阿尔伯克基站 5 个时间尺度的 SPDI 指数均为正值且大于 1.0,表明从不同时段来看都存在明显的水分盈余。这与前期累积水分偏离的计算结果完全一致。同时,由于边缘 SPDI 指数的值都较大,因而求得的联合 SPDI-JDI 指数更大(接近 2.0),指示严重湿涝及以上的水分状况。1907 年 2 月阿尔伯克基气象站发生初始干旱的情形见图 3.8(e)、图 3.8(g),此时 SPDI-

1 指数值小于−1.0；与相应水分偏离的极小值相比，1 个月内的水分亏缺量较大。但其他时间尺度的 SPDI 指数均为正值，特别是最长时间尺度的 SPDI−24 指数值接近 2.0，指示非常湿涝的水分状况。如上所述，出现这种因观察时间尺度不同而造成对同一时刻旱涝评估结果不一致的现象。而 SPDI−JDI 指数由于考虑了不同时间尺度边缘分布的联合相关性结构，因此能够兼顾并综合各时间尺度的 SPDI 值，其最终给出的总体水分状况评估结果也及时地捕捉到了该时刻的初始干旱。类似地，该站 2000 年 10 月旱情持续情况下的干旱指数结果对比见图 3.8（f）、图 3.8（h）。此时，较短历时的 SPDI−1 和 SPDI−3 指

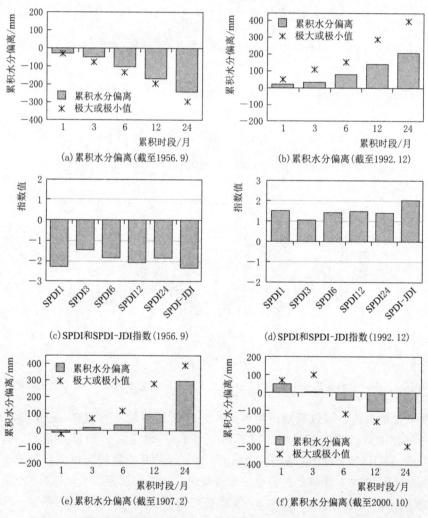

图 3.8（一）   阿尔伯克基站特定时刻前期水分异常、边缘 SPDI 指数和
联合 SPDI−JDI 指数的比较

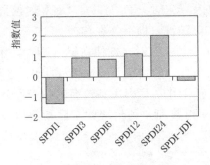
(g) SPDI和SPDI-JDI指数（1907.2）

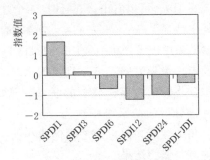
(h) SPDI和SPDI-JDI指数（2000.10）

图3.8（二）　阿尔伯克基站特定时刻前期水分异常、边缘 SPDI 指数和
联合 SPDI－JDI 指数的比较

数为正值，预示过去一段时期（1～3 个月）存在不同程度的水分盈余状况；其他长历时（6 个月以上）的 SPDI 指数都为负值，指示仍在持续的水分亏缺和干旱状况。同样，由于联合概率分布的内在特性，SPDI－JDI 指数能够更全面地反映干旱的总体严重程度；与单独使用不同时间尺度 SPDI 相比，SPDI－JDI 对持续干旱的评估结果也更为客观可靠。

3.4.5　SPDI－JDI 指数评估

3.4.5.1　互谱分析

首先，将 SPDI－JDI 指数与传统帕尔默干旱指数进行比较，包括 PDSI、PMDI、PHDI 和 ZIND，这些指数都具有相同的物理基础，即帕尔默旱度模式的土壤水分平衡。以下通过互谱分析方法探讨 SPDI－JDI 与 PDSI、PMDI、PHDI 和 ZIND 的异同。研究表明，PDSI 等指数时间序列的内在"记忆性"可长达 9 年（108 个月）[106]，故分别分析对相应延时内 SPDI－JDI 和其他指数的互谱特征。阿尔伯克基站 PDSI、PMDI、PHDI 和 ZIND 与 SPDI－JDI 的互谱相位图见图 3.9（a）。从图中可以看出，ZIND 较 SPDI－JDI 的相位谱持续为正，表明 ZIND 序列的变动始终领先 SPDI－JDI，这一点与 ZIND 最短的时间尺度（1 个月）非常吻合。与之相反，PMDI 和 PHDI 时间序列的变化则不同程度落后于 SPDI－JDI，它们对 SPDI－JDI 的相位谱均为负值；在较短延时情况下，PMDI、PHDI 较 SPDI－JDI 的时滞也相对较小。在 4 种帕尔默干旱指数中，PDSI 序列随时间的变化和 SPDI－JDI 似乎最接近，它们的互相位谱在 0 值附近波动，即这两种干旱指数的内在时间尺度可能基本相当。在最长延时 108 个月的情况下，PDSI 和 SPDI－JDI 的互相位谱几乎为 0；并且，延时每增加大约 48 个月，二者的相位谱先由正转负，而后逐渐趋近于 0。

另一方面，由互谱分析得到的 SPDI－JDI 指数与帕尔默指数的关联性见

图 3.9（b）。可以看出，在延时 24 个月以内，SPDI－JDI 与其他 4 种帕尔默指数的相干性都很高（0.9 左右），这也符合实际情况，即前文在构建 SPDI－JDI 指数时所采用边缘分布的最长时间尺度为 24 个月。同时，即使在超出 SPDI－JDI 所能考虑最长时间尺度（即延时大于 24 个月）的情况下，SPDI－JDI 和其他帕尔默指数依然存在显著的联系，尤其与 ZIND、PMDI 有较高的相干性。以上互谱分析的结果可归纳为：SPDI－JDI 指数和 4 种传统帕尔默指数比较一致、相关性高，但它们之间仍然存在明显区别（如内在时间尺度）。其他气象站也有类似的结果。

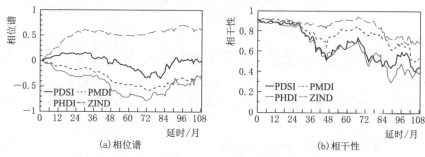

图 3.9　阿尔伯克基站 SPDI－JDI 与 PI 指数的互谱分析

3.4.5.2　定量评估

在上述互谱分析的基础上，可进一步采用一系列客观指标定量评估 SPDI－JDI 指数识别干旱发生的能力。这些指标包括：命中率（probability of detection，POD）、误报率（false alarm ratio，FAR）和成功率（critical success index，CSI）。为此，首先将 4 种传统帕尔默指数（PI）的综合结果作为相应干旱监测的基准，即若 PDSI、PMDI、PHDI 和 ZIND 中至少有一个指示干旱状况，则定义发生一次"观测"干旱。具体来说，各 PI 指数指示干旱发生的临界值为[97]：PDSI 和 PMDI 小于等于－1.0；PHDI 小于等于－1.5；ZIND 小于等于－1.25。相应地，负的 SPDI－JDI 指数值则代表一次"预测"干旱，将接受 PI 指数所定义"观测"干旱的检验。这样，预测值和观测值的组合结果无外乎 4 种情况：命中（H，有"观测"干旱且被"预测"到）、漏报（M，有"观测"干旱但未被"预测"到）、误报（F，有"预测"干旱但未被"观测"到）和空值（无"预测"或"观测"干旱）。据此，命中率 POD 代表所有观测到的干旱也同时被预测到的概率，即 $POD = H/(H+M)$；误报率 FAR 表示所有预测的干旱但却未被观测所证实的比重，即 $FAR = F/(H+F)$；成功率 CSI 则综合考虑了命中和误报的部分，是对预测结果的总体评估，即 $CSI = H/(H+M+F)$。显然，POD、FAR 和 CSI 的值都为 0～1，较大的 POD 和 CSI 反映较高的干旱识别或监测精度，较

小的 *FAR* 表示误报干旱的几率低。针对所研究的 12 个气象站，应用 SPDI-JDI 指数进行模拟干旱监测，得到相应 *POD*、*FAR* 和 *CSI* 的计算结果见图 3.10，其基准为 PDSI、PMDI、PHDI 和 ZIND 的综合监测结果。可以看出，大多数气象站的 *POD* 值都在 0.8 以上，其中很多站点 *POD* 的值甚至超过 0.9。几乎所有气象站的 *CSI* 值都在 0.7 以上，近一半站点的 *CSI* 值大于 0.8。大多数气象站的 *FAR* 值都较小，仅有蓬塔阿雷纳斯和赫尔辛基站 *FAR* 的值超过 0.2，这与它们过高的 *POD* 值不无关系，即高命中率在一定程度上也会增加误报率。总体来看，以上 *POD*、*FAR* 和 *CSI* 等客观评价指标的计算结果表明：相对于 4 种 PI 指数的综合运用结果，SPDI-JDI 指数单独用于干旱监测时仍将获得较高的精度和可靠性，且对干旱的误报率较低。这也进一步证实，联合概率分布模型使得 SPDI-JDI 指数具有更为全面的内涵特性，从而能够涵盖并有效揭示多种传统帕尔默指数反映出的不同侧面的干旱信息。

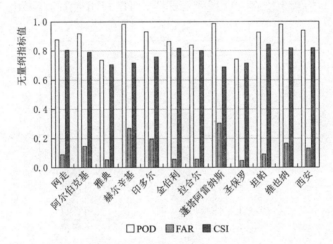

图 3.10　各气象站 SPDI-JDI 指数干旱监测效果评估（以多种 PI 指数综合运用为基准）

美国国家干旱监测产品（U. S. Drought Monitor，USDM）也可以用来作为定量评估 SPDI-JDI 指数干旱监测能力的重要参考。USDM 是一个功能完善、技术成熟和先进的干旱监测工具，它不仅融合了气象、气候、水文、土壤等多源观测结果，还能及时接收遍布美国的局地旱情发展及其影响等相关信息反馈[176]。USDM 具有很强的综合性，特别是它能根据各地气象研究者的反馈对监测结果进行相应调整，有利于揭示各类气象观测和干旱指标不能完全反映的重要信息。因此，USDM 经常被用来作为参考，以评估其他各类干旱指数的效用[177,178]。目前，全球其他地区的干旱综合监测能力及产品与 USDM 相比还有较大差距。以 USDM 的相关数据作为基准，SPDI-JDI 指数用于模拟 2个美国气象站（阿尔伯克基和坦帕）的干旱监测时，相应 *POD*、*FAR* 和 *CSI*

的计算结果见图 3.11。其中，USDM 干旱分级中的"D0"（异常干）被作为定义一次"观测"干旱的阈值。从图 3.11 中可以看到，阿尔伯克基气象站 SPDI-JDI 指数 POD 和 CSI 的值分别约为 0.8 和 0.6，相应 FAR 的值略大于 0.2。相比而言，坦帕站 SPDI-JDI 指数 POD 和 CSI 的值都略低一些，且 FAR 的值要更大。这意味着，在 USDM 指示的干旱月份中，大约有 80% 也将被 SPDI-JDI 指数所捕捉；将误报的情况考虑在内，SPDI-JDI 指数相对 US-DM 监测结果的成功率可能达到 60%。总体来说，SPDI-JDI 指数的干旱监测精度是基本能够接受的。此外，坦帕气象站气候比较湿润，而阿尔伯克基站则非常易旱，这也是造成它们 SPDI-JDI 指数的 POD、FAR 和 CSI 值存在差别的重要原因。上述评估结果表明：尽管 SPDI-JDI 指数和 USDM 指数存在本质区别（包括信息输入、架构方式和分级标准等），SPDI-JDI 指数在很大程度上却能够反映出和 USDM 较为一致的干旱评估信息，而 USDM 在实际干旱监测中的成功运用也能在一定程度上支持 SPDI-JDI 的计算结果。

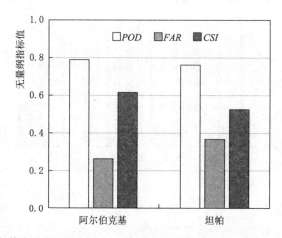

图 3.11　阿尔伯克基和坦帕站 SPDI-JDI 指数干旱监测效果评估（以 USDM 为基准）

3.5　本章小结

　　本章在标准化帕尔默干旱指数（SPDI）的基础上，进一步构建了基于 SP-DI 的帕尔默联合水分亏缺指数（SPDI-JDI）。SPDI-JDI 具有多变量标准化干旱指数的本质，它能融合不同时间尺度 SPDI 的联合概率特性，可以被视为帕尔默旱度指标和 SPDI 的新的拓展形式。经验和参数 Copula 函数模型均被用来模拟多变量相关性结构，并推求相应联合概率分布。根据 5 维 Gaussian Copula 建立的 SPDI-JDI 指数分别被用于模拟全球 12 个 WMO 气象站的点干旱监测，并通过传统帕尔默干旱指标和 USDM 监测产品等多种手段对相关结果进行了评估。主要结果与结论如下：

（1）相比经典帕尔默干旱指数 PDSI，SPDI 指数具有更稳定的统计特性和更优的时空一致性与可比性，能够更好地反映不同等级旱涝发生的频率。

（2）经降维处理的参数 Copula 模型（5 维 Gaussian 和 Student t Copula 函数）能够很好地反映 24 维经验 Copula 联合概率分布的结果，但 Student t Copula 计算复杂、耗时大。

（3）5 维 Gaussian Copula 和 24 维经验 Copula 计算的 SPDI－JDI 序列很接近且高度相关，二者对旱涝时段的反映非常一致；然而对于较小的联合概率值，经验 Copula 的计算结果存在截断误差问题，不能有效指示和度量重度干旱。

（4）根据 5 维 Gaussian Copula 构建的 SPDI－JDI 指数，能够融合不同时间尺度 SPDI 边缘分布的相关性结构、联合概率特性和多时间尺度干旱信息，综合反映水分的总体亏缺或盈余状态，在捕捉干旱初现和持续性方面具有明显优势。

（5）SPDI－JDI 与其他传统帕尔默指数结果比较一致且具有较强的相关性；用于模拟全球代表站点干旱监测时，相对于 PDSI、PMDI、PHDI 和 ZIND 的综合运用结果及 USDM 监测数据，SPDI－JDI 指数均表现较好，结果精度较高。

第4章　分布式水文模型与帕尔默干旱指标耦合应用

虽然长期以来被广泛用于世界各地的干旱监测与评估，但帕尔默干旱指标因两个方面的缺陷而饱受诟病：①采用简化的两层土壤水平衡"水桶"模型进行水文账分析并估算相应水文分量，结果精度一般且空间尺度较粗；②仅根据有限地点、时刻的比较结果确定模型参数和旱涝分级标准，由此计算的指标值主观性较大。第二个缺陷已通过前文所提出的标准化帕尔默干旱指标（SPDI和SPDI－JDI）得到较好解决。针对上述第一个缺陷，本章进一步采用具有较强物理机制的可变下渗能力（VIC）水文模型改进原有帕尔默旱度指标，通过网格尺度的水文模拟结果计算和比较各类帕尔默干旱指数，探讨基于分布式水文模拟的黄河流域干旱时空变化特征[179]。

4.1　概述

实际中，为了从总体上评估干旱状况，全面了解干旱的影响，研究人员和决策者也迫切需要一类能最大程度反映干旱不同侧面的综合指标[123]。帕尔默旱度模式本身综合考虑了多种气象水文因子（前期降水量、水分供给、土壤排水、径流和蒸散发耗水等），是一种有效集成旱情信息的概念性框架。前文已介绍过，传统的帕尔默干旱指标包括 PDSI、PMDI、PHDI 和 ZIND 等一系列指数，它们具有类似的原理和计算过程，但各自的侧重点有所不同[9,94,96,97]。本书第 2 章和第 3 章所提出改进型帕尔默干旱指数（包括 SPDI 和 SPDI－JDI）相比传统帕尔默指数（PDSI）具有明显优势。具体而言，SPDI 弥补了 PDSI 的两个重要不足：量化干旱特征及分级标准的主观任意性；时空变异导致一致性与可比性较差的局限[180]。同时，文献[181]进一步强调了干旱指标需兼顾水分供给和需求两个方面的重要性，作为帕尔默干旱指标的一种新形式，SPDI 仍然满足这一要求。SPDI－JDI 采用了与文献[125]和文献[115]相类似的多变量联合策略与框架，其中帕尔默旱度模式即被视为一个多因子、多变量干旱评估的概念性框架。第 3 章针对全球代表站点干旱的实例应用，反映了 SPDI、SPDI－JDI 作为新的帕尔默干旱指数具有多种优点，例如频率稳定性、时空一致性与可比性、融合多时间尺度信息等[175,182]。即便如此，帕尔默指标采用两层土壤水平衡模型所带来的问题仍然存在，比如固定土层厚度和土壤最大持水能力等，仍将在一定程度上影响相应干旱监测与评估结果。因此，本章采用具有更强物理机制的 VIC 模型代替简化的土壤水平衡模型，根据其水文模拟输出计算和比较各类帕尔默干旱指数，选择优化指标，实现精细尺度的干旱监测与综合评估。

概括来说，基于 VIC 水文模拟的帕尔默旱度模式与指标的理论框架见图 4.1。相比传统方法，采用 VIC 模型对帕尔默干旱指标的改进首先体现在水文过程模拟部分。具体表现为：原有两层"水桶"模型中的土壤深度和持水性都是固定的；而改进模式中，所定义三层土壤的深度和持水能力则随空间位置及土壤特性的不同而变化；同时，相比"水桶"概念模型所反映的简单土壤水平衡，VIC 模型具有更强的物理机制和更优的时空分辨率，因而能够更加全面、准确地描述地表水分和能量交换过程，有效模拟水分通量的变化。帕尔默旱度模式采用实际（观测）降水量（P）和气候适宜降水量（P_{CAFEC}）之间的水分偏差衡量某一时刻的水分异常状况（水分盈余或亏缺），其中前者表示总的水分供给，后者则代表水分需求总量。气候适宜降水量的定义是帕尔默旱度指标的精髓所在，因此在改进模式中继续沿用此定义及相应考虑水分供、需两方面的水量平衡方程。但与传统计算方法不同，基于 VIC 模型的帕尔默指标则根据水文模拟输出结果估算相应气候适宜降水量。另外，不同类型的帕尔默干旱指数来自于对指标值不同的标准化处理方法，这同样也是本书改进帕尔默旱度指标的一个重要层面。具体来说，传统帕尔默指标（如 PDSI、PMDI、PHDI 和 ZIND）一般根据主观准则进行量化，其指标值的确定往往基于有限站点和时刻的比较结果，因而具有较大任意性。与之不同，SPDI 的计算则采用标准化指数策略，其指数值实质上是依据等概率转换所得到的标准正态分位

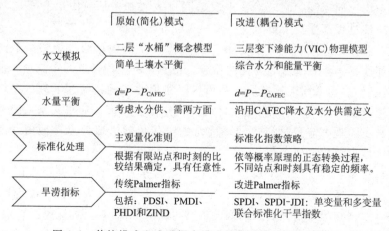

图 4.1　传统模式和改进耦合模式帕尔默干旱指标的对比

数。由于将不同时空尺度的偏态分布统一、正态化，SPDI 在不同站点和时刻具有稳定的频率。同样，SPDI－JDI 指数是基于多变量联合概率转换的标准化帕尔默干旱指标，能够有效综合多时间尺度 SPDI 的概率特性和旱涝信息。为了客观、深入的分析比较，本章所涉及的各类帕尔默干旱指标（包括 PDSI/PMDI/PHDI/ZIND 和 SPDI/SPDI－JDI）均采用 VIC 分布式水文模拟的输出结果进行估算。此外，PDSI、PMDI、PHDI 和 ZIND 等传统帕尔默指标值的标准化过程根据文献[104]所提出的自适应算法进行计算。

4.2　基于分布式水文模拟的帕尔默干旱指标

4.2.1　VIC 水文过程分布式模拟

干旱具有很强的时空变异性，因此需要在精细尺度上掌握特定区域的水分供给和需求状况。作为基于物理过程的大尺度、半分布式水文模型，VIC 能够有效模拟网格尺度的水分循环过程[142,183]。VIC 模型不仅能考虑地表附近水分和能量的转换与平衡，而且能进一步反映单个网格内土壤（土壤质地、深度和持水能力）、植被（植被类型和覆盖面积）和地形等的空间差异。这些特征能够较为准确地刻画与水循环密切相关的一系列非线性过程，如大气降水通过地表的入渗量、表层土壤含水量及其分布决定直接径流量和底层土壤重力排水形成基流等[184,185]。

最初的 VIC 模型仅考虑了两层土壤结构[142]，其改进版本进一步将整个土壤剖面在垂直方向上划分为 3 个不同厚度的土层[183]：最上面是一层固定厚度（10 cm）的表层土壤，该土层能够迅速响应地表水分状况的变化（如降水）；其他两层土壤（中层和下层）的厚度在不同网格上都是可变的，它们可以通过 VIC 模型率定而得到。同时，各土层之间（表层和中层、中层和下层）的垂向水分交换过程都受控于重力作用；只有在非饱和情况下，中层的土壤水分才能通过扩散作用进入表层土壤。在 VIC 模型率定阶段，通过调整每个网格上与土壤深度、入渗和基流等有关的参数，得到该网格内计算的产流量（地表径流和基流）。然后采用汇流模块，利用各网格内生成的径流和汇流程序得到模拟的河道流量过程[186,187]。将集水区域内特定出口位置（如水文站）的模拟河道流量与实际观测流量进行比较，进而选定优化的区域模型参数值，即 VIC 模型的区域参数化框架[187]。

VIC 模型已被广泛用于模拟径流和土壤含水量，不少研究将 VIC 模拟的土壤含水量和径流数据用于研究干旱[112,117,123,146,188-191]。有关大尺度 VIC 水文模型基本原理和应用情况更为全面的内容可参见文献[142]和文献[183]，以及 VIC 模型相关网站与互联网资源。VIC 模型输出的主要变量包括每个网格上的逐日地表径流量、基流量、蒸散发量、土壤含水量和融雪水当量等，将这些逐日模拟值进一步转化为月时间序列（累加或取平均），作为帕尔默旱度模式与指标的输入数据，从而分析月时间尺度的水量平衡和旱涝状况。

4.2.2 帕尔默水量平衡各分量计算

第 2 章已介绍过，帕尔默旱度模式运用实测降水量与气候适宜降水量之间的差值反映某一地区特定时刻的水分异常状况（干或湿），其实质是一个简单的土壤水平衡。其中，气候适宜降水量的计算涉及与逐月土壤水分有关的 8 个水文分量，即蒸散量 ET、可能蒸散量 PET、土壤补水量 R、土壤可能补水量 PR、径流深 RO、可能径流深 PRO、土壤失水量 L 和土壤可能失水量 PL。传统 PDSI 计算上述各水文分量所采用的水量平衡模型，实际上是一个简化的概念性水文模型，它将土壤概化为具有固定厚度和最大持水能力的上、下两层。该模型只是概念性地考虑了代表点的水分收支情况，并没有考虑实际的降雨-产汇流过程[148]，更没有考虑不同土壤、植被类型和地形等因素对区域水量平衡的影响[150]。而且，PDSI 简化的两层土壤"水桶"模型是典型的蓄满产流机制模型，基于气象站的观测数据进行单点水量平衡分析，难以反映半干旱地区的产流特性及相应旱情的空间发生及发展状况[149]。

针对传统帕尔默旱度指标水文分量计算的不足，本书采用物理机制较强的 VIC-3L 水文模型代替上述两层土壤概念性模型，以充分考虑土壤、植被和地形等要素的空间变异性，融合蓄满产流和超渗产流机制，通过对降雨-产汇流过程机理性模拟得到网格单元的各项水文参量，据此计算干旱评估所需要的各水文分量的实际值和可能值，最终构建基于 VIC 分布式水文模拟的帕尔默干旱指标。具体而言，各网格单元的实际蒸散量 ET 和实际径流深 RO 直接由 VIC 模型模拟得到；可能蒸散量 PET 由 Hargreaves-Samani 公式根据日平均、最高和最低气温计算得到；其余各分量可利用 VIC 模型输出的网格单元土壤含水量，由以下公式分别进行估算：

$$R = \max(W - W_0, 0) \tag{4.1}$$

$$PR = \max(AWC - W_0, 0) \tag{4.2}$$

$$PRO = AWC - PR \tag{4.3}$$

$$L = |\min(W - W_0, 0)| \tag{4.4}$$

$$PL = PL_s + PL_m + PL_u \tag{4.5}$$

式（4.5）中，采用 3 层蒸发模型分别估算从各层土壤中以蒸散发形式可能损失的总水量 PL，即 $PL_s = \min(PET, W_{s0})$；若 $\dfrac{W_{m0}}{AWC_m} \geq C$，则 $PL_m = (PET - PL_s) \cdot \dfrac{W_{m0}}{AWC_m}$，$PL_u = 0$；若 $\dfrac{W_{m0}}{AWC_m} < C$，则 $PL_m = (PET - PL_s)C$，

$PL_u = 0$；若$\dfrac{W_{m0}}{AWC_m} < C$且$W_{m0} < (PET - PL_s)C$，则$PL_m = W_{m0}$，$PL_u = (PET - PL_s)C - PL_m$。

对上述各式中变量的含义说明如下：

W_0，W：3层土壤时段初与时段末的总含水量，mm；

AWC：3层土壤的最大有效含水量，根据不同土壤质地的持水能力和VIC模型率定的土层深度进行估算，mm；

PL_s，PL_m，PL_u：表层、中层和下层土壤的可能失水量，mm；

W_{s0}，W_{m0}：表层和中层土壤时段初的含水量，mm；

AWC_m：中层土壤的最大有效含水量，mm；

C：下层土壤蒸发的经验参数，本书研究中取$C = 0.08$。

根据以上步骤和公式，即可计算得到拟定网格尺度上帕尔默水分偏离$\tilde{d}$的逐月时间序列。进而，可根据文献［9］及相关文献中[94,96,97]的方法分别计算PDSI、PMDI、PHDI和ZIND等传统帕尔默干旱指标。本书研究中采用自适应算法作为指数值的标准化处理方法[104]，计算这些网格尺度的传统帕尔默指标。另外，根据图4.1中基于水文模型的帕尔默指标理论框架，同时采用VIC模型模拟输出结果，分别计算前文所构建的单变量SPDI和多变量联合SPDI-JDI标准化帕尔默干旱指标。通过比较各类（传统和标准化）帕尔默指标干旱监测与评估的结果，优选基于VIC分布式水文模拟的SPDI-JDI联合指数，分析网格尺度的区域干旱时空变化特征。其中，PDSI和SPDI/SPDI-JDI不同旱涝等级的划分标准及经验频率见表4.1。

表4.1　基于VIC模型的PDSI和SPDI/SPDI-JDI不同旱涝等级划分

旱涝等级	PDSI值	SPDI/SPDI-JDI值	经验频率/%
极涝	$\geqslant 4.00$	$\geqslant 2.00$	2～5
重涝	3.00～3.99	1.50～1.99	5～10
中涝	2.00～2.99	1.00～1.49	10～20
轻涝	1.00～1.99	0.00～0.99	20～30
轻旱	−1.99～−1.00	−0.99～0.00	20～30
中旱	−2.99～−2.00	−1.49～−1.00	10～20
重旱	−3.99～−3.00	−1.99～−1.50	5～10
极旱	$\leqslant -4.00$	$\leqslant -2.00$	2～5

4.3 研究区与数据

黄河流域总面积约 79.5 万 km²，其中大部分区域属于半干旱和干旱气候区，流域多年平均气温为 8~14℃，多年平均降水量约为 466mm，多年平均径流深约为 73mm[187]。流域内的地表形态特征和主要河流水系见图 4.2。根据分布式水文模拟的需要，将整个黄河流域划分为 1500 个空间分辨率 0.25°（约 25km）的网格。地表高程采用空间分辨率为 3″（约 90m）的 SRTM 数字高程模型数据。采用黄河流域及周边 101 个气象站点 1955—2012 年的逐日气象观测系列（包括降水量、最高气温、最低气温和风速）作为 VIC 水文模型的原始大气强迫数据，资料来源为中国气象局气象科学数据共享服务网，相应气象站的空间分布见图 4.2。根据反距离加权插值方法，同时考虑不同高程的影响作用，将气象站所在位置的降水量、最高和最低气温、风速等插值为 0.25°网格上的大气强迫时间序列，以此驱动 VIC 模型，逐一模拟各网格内的水文过程和水量平衡。其中，1955—1960 年作为运行 VIC 模型的启动阶段。

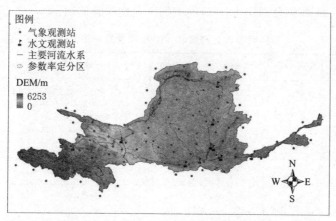

图 4.2 黄河流域气象水文测站分布与水文模拟分区情况

除大气强迫数据以外，空间土壤和植被数据也是必需的，并且需要具有与网格大小相同的分辨率。本书选用分辨率为 5′的联合国粮农组织（FAO）土壤数据库描述黄河流域不同土壤质地的空间分布情况。FAO 原始土壤数据将土壤质地细分为 16 个不同的类型，这里采用的简化体系仅包括 12 个土壤质地类型[187]。由于空间分辨率不同，分别统计每个 0.25°×0.25°网格中各土壤类型所占面积的比重，并选择面积比重最大的一种土壤类型，代表该 0.25°网格上的总体土壤参数。黄河流域地表植被类型及覆盖数据来源于美国马里兰大学开发的全球 1 km 植被覆盖数据库，该数据集将全部植被覆盖类型划分为 14

个不同的类别[192]。同样，对于每个 0.25°的网格，分别统计不同植被类型所占的比重；本书研究中，仅考虑每个网格内所占面积比超过 10% 的植被覆盖类型，并选择 0.25°×0.25°网格内面积比重最大的 4 种植被类型，以此推求该 0.25°网格上的植被参数。

VIC 模型中的部分参数需要通过河道观测流量数据进行率定。黄河流域面积巨大、地形和气候特征复杂多变，因而需要进行分区域参数率定[187]，为各区域分别选定合适的模型参数，从而提高模型模拟的精度和可靠性。因此，选取 10 个具有代表性的水文站（图 4.2），将整个黄河流域划分为 12 个子区域（另外包含内流区和花园口以下区域），分别进行各区域内的参数率定过程。具体过程为：采用各水文站所在位置的逐日河道观测流量来率定适合相应区域的模型参数，通过不断调整、优化参数，保证模拟流量序列尽可能接近观测流量过程，最终形成区域化的 VIC 模型参数库。由于内流区和花园口以下区域无法通过实测流量过程线进行参数率定，在这 2 个区域上运行 VIC 模型时均采用默认参数值。黄河流域主要水文站及相应分区的详细信息见表 4.2，其中 1961—2012 年是所有水文站逐日观测流量序列的重叠时段，选取 1961—1990 年和 1991—2012 年分别作为 VIC 模型的率定期和验证期。

表 4.2　　　　　黄河流域水文测站和 VIC 模型参数率定分区

序号	水文站/分区	纬度/(°N)	经度/(°E)	观测流量	面积/($10^4 km^2$)
1	唐乃亥	35.50	100.15	1956—2012 年	12.21
2	兰州	36.07	103.82	1935—2012 年	10.07
3	头道拐	40.27	111.07	1959—2012 年	14.53
4	吴堡	37.45	110.72	1954—2012 年	6.56
5	龙门	35.67	110.58	1956—2012 年	6.24
6	河津	35.57	110.80	1956—2012 年	3.87
7	咸阳	34.32	108.70	1934—2012 年	4.68
8	华县	34.58	109.77	1936—2012 年	5.97
9	三门峡	34.82	111.37	1961—2012 年	4.75
10	花园口	34.92	113.65	1949—2012 年	4.18
11	内流区①				3.99
12	花园口以下①				2.81

① 无观测流量用以率定 VIC 模型的区域化参数。

4.4　VIC 水文模拟和帕尔默干旱指标结果分析

4.4.1　水文模拟结果评估

采用 Nash - Suttclife 效率系数（NSE）和水量相对偏差（BIAS）评估 VIC 模型对各水文站实测流量过程的模拟效果。其中，NSE 和 BIAS 计算方法分别如下：

$$NSE = 1 - \frac{\sum_{i=1}^{n} \left[Q_{\mathrm{sim}}(i) - Q_{\mathrm{obs}}(i) \right]^2}{\sum_{i=1}^{n} \left[Q_{\mathrm{obs}}(i) - \overline{Q}_{\mathrm{obs}} \right]^2} \tag{4.6}$$

$$BIAS = \frac{\sum_{i=1}^{n} \left[Q_{\mathrm{sim}}(i) - Q_{\mathrm{obs}}(i) \right]}{\sum_{i=1}^{n} Q_{\mathrm{obs}}(i)} \tag{4.7}$$

式中：$Q_{\mathrm{obs}}(i)$ 和 $Q_{\mathrm{sim}}(i)$ 分别为第 i 个时刻（日或月）的实测流量和模拟流量；$\overline{Q}_{\mathrm{obs}}$ 为实测流量序列的平均值；n 为实测或模拟流量序列的长度（日或月的个数）。从水文模拟结果评估的角度来看，NSE 效率系数越接近于 1，或者 BIAS 水量偏差越接近于 0，说明相应模型模拟效果越优。

表 4.3 统计了黄河流域各分区控制水文站 VIC 模型逐日和逐月流量的模拟精度，并对相关模拟结果作了简要说明。从表中结果可以看到，率定期内（1961—1990 年）VIC 模型对绝大多数水文站观测流量的模拟效果都较好，其中有 8 个水文站日径流过程模拟和月径流过程模拟的 NSE 效率系数达到 0.7 以上，径流总量相对误差也在±5% 以内。仅有头道拐站率定期的模拟流量和相应实测流量之间差别较大，其原因主要是该区域河道水系错综复杂，水流较乱，且受河套和宁蒙等大型灌区引水影响非常大，不利于模型参数率定。验证期内（1991—2012 年），有 5 个水文站（唐乃亥、吴堡、龙门、华县和三门峡）的月径流过程模拟 NSE 效率系数达到 0.7 及以上，其他站点的 VIC 模型流量模拟精度较差。其原因主要有两个方面：①部分水文站观测流量过程受水库调节影响严重，例如兰州站以上刘家峡等大中型水库、河津站以上数百座中小型水库、花园口站以上小浪底等大中型水利枢纽工程；②20 世纪 90 年代以后，某些分区地表水取用量急剧上升，导致相应水文站观测的河道流量锐减。相比率定期，验证期内咸阳和头道拐片区由于人工取用水而导致实测地表径流量分别减少五成和七成以上。尤其是河津站所在的汾河流域，各类中小型水库星罗密布，长期过度使用地表水资源，导致汾河干流及其支流断流现象严重，验证期内河津站的观测河道流量较率定期减少达九成以上，甚至出现零流量。

换言之，上述原因造成模型验证期内各水文站的实测流量过程受到人类活动等的大规模影响和改变，最终导致模型对相应流量过程的模拟精度不高。然而，从模型率定期的模拟效果和流量过程受人为改变较小的站点（如唐乃亥）来看，VIC 模型基本上能够较好地再现黄河流域天然条件下的径流形成过程，相应分布式水文模拟结果可以用于估算拟定的干旱指标并分析干旱时空变化特征与规律。

表 4.3　　黄河流域各分区 VIC 模型站点流量过程模拟精度结果与分析

水文站	时段	NSE（日模拟）	NSE（月模拟）	BIAS /%	模拟结果分析
唐乃亥	率定期	0.82	0.85	−0.3	结果好
	验证期	0.82	0.85	9.2	结果好
兰州	率定期	0.76	0.85	−3.6	结果好
	验证期	−0.18	0.01	−0.4	结果差：实测流量过程受水库调节影响严重，整体呈阶梯状变化；水量模拟结果很好
头道拐	率定期	0.53	0.54	33.4	结果一般：受河套和宁蒙等大型灌区引水影响，流量过程和水量模拟结果均一般
	验证期	−0.19	−0.06	71.8	结果很差：取用水量占比很高，实测径流减少严重，流量过程和水量模拟结果均很差
吴堡	率定期	0.91	0.98	−0.8	结果很好
	验证期	0.73	0.94	3.8	结果很好
龙门	率定期	0.94	0.99	2.9	结果很好
	验证期	0.86	0.94	5.8	结果很好
河津	率定期	0.62	0.76	−0.1	结果较好：实测流量过程受大量中小水库调节影响，水量模拟结果好于流量过程模拟
	验证期	−0.20	−0.10	93.7	结果很差：极端取用水导致地表径流濒临枯竭，流量过程和水量模拟结果均很差
咸阳	率定期	0.75	0.83	−1.1	结果好
	验证期	0.55	0.55	41.0	结果一般：受工农业取用水等影响，实测径流减少严重，导致水量模拟偏差很大
华县	率定期	0.85	0.91	−4.0	结果很好
	验证期	0.65	0.70	4.7	结果较好
三门峡	率定期	0.88	0.95	2.0	结果很好
	验证期	0.78	0.90	10.8	结果好
花园口	率定期	0.91	0.95	1.1	结果很好
	验证期	0.31	0.41	6.3	结果较差：受小浪底等大型水库调节和取用水影响，水量模拟结果好于流量过程模拟

　　以咸阳站为例，其率定期和验证期的逐月流量模拟结果见图 4.3。可以看到，率定期内（1961—1990 年）VIC 模型能很好地模拟该站的流量过程，相应模拟流量和实测流量的 NSE 效率系数为 0.83，径流深相对误差 BIAS 为－1.1%。而验证期内（1991—2012 年），模型模拟精度偏低，NSE 效率系数仅为 0.55；模拟流量明显大于实测流量，径流深相对误差达 41%，其主要原因是该站验证期的径流特性发生显著变化，人为调蓄和直接取水等导致区域内的地表径流量减少一半以上。

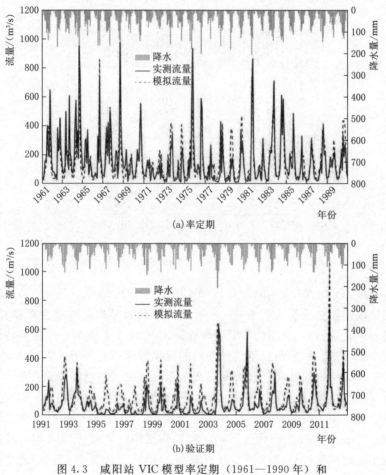

图 4.3　咸阳站 VIC 模型率定期（1961—1990 年）和
验证期（1991—2012 年）逐月流量模拟

　　下面对 1961—2012 年期间咸阳站径流特性发生改变的情况做进一步分析说明。咸阳站 1961—2012 年实测流量和面平均降水量的变化及相应趋势结果见图 4.4。从图中可以看出，该站径流量明显呈现逐年减小的趋势；相应

Mann-Kendall（M-K）趋势检验统计量为 $Z=-3.85$，表明该站年径流量的下降趋势极为显著；同时，线性趋势拟合结果显示，其年平均流量每年减小的幅度达 $2.6\text{m}^3/\text{s}$。VIC 水文模型率定期（1961—1990 年）咸阳站多年平均流量约为 $153.4\text{m}^3/\text{s}$，而在模型验证期（1991—2012 年）其值仅为 $75.1\text{m}^3/\text{s}$，整体减小了约 51%。而在同一时期内，咸阳站控制区间集水面积上的多年平均降水量仅减少了约 11%（变化趋势不显著），不足以引起区间内径流量的急剧下降。因此，人类活动（人工调蓄和直接取用水等）是该区域径流锐减的主要驱动力，而气候变化对此影响相对较小。

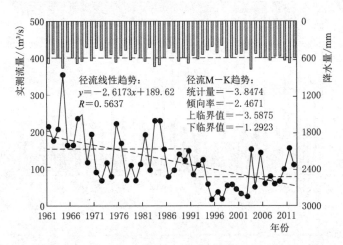

图 4.4　咸阳站 1961—2012 年实测流量和面平均降水量的变化趋势

咸阳站 1961—2012 年的年径流序列一致性分析结果见图 4.5。从图中可以看出，该站年径流量大约在 1990 年前后存在明显拐点（潜在跳跃点），即 VIC 模型率定期（1961—1990 年）和验证期（1991—2012 年）径流特性的一致性发生了改变。一般情况下气候条件的变化非常缓慢，但人类活动直接取用水和通过改变下垫面状况间接影响陆面水循环过程（包括径流量）却可以造成水文过程的急剧变化。上述原因最终导致在率定期（1961—1990 年）表现较好的模型参数用于模拟验证期（1991—2012 年）的流量过程时存在系统性高估的结果［图 4.3（b）］。然而，VIC 模型验证期（1991—2012 年）的逐月模拟流量和实测流量序列之间仍然具有较强的相关性（图 4.6）。换言之，尽管存在系统高估，在大多数情况下 VIC 模型依然能够较好地模拟出咸阳站验证期观测流量过程的起涨、峰现、退水等主要特征。

4.4.2　PDSI 和 SPDI 对比分析

PDSI 被广泛用于干旱监测与评估，SPDI 和它一样具有相同的土壤水平

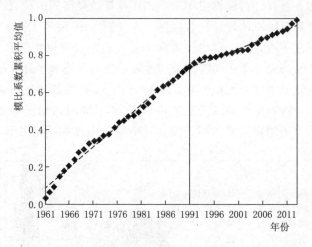

图 4.5 咸阳站 1961—2012 年的年径流系列一致性分析

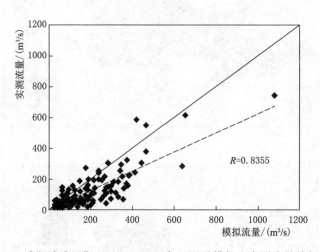

图 4.6 咸阳站验证期（1991—2012 年）逐月模拟和实测流量的相关图

衡原理，且二者都同时考虑了水分供给和需求两方面的特征。因而，PDSI 和 SPDI 的长期统计特征值能在一定程度上反映出它们各自的内在稳定性和时空可比性。计算的黄河流域网格尺度 PDSI、SPDI 均值和方差在空间上的变化情况见图 4.7。从图 4.7 中可以看到，PDSI 的均值和方差都存在明显的空间变异，其均值跨度在 −3 和 1 之间（大部分介于 −1 和 1 之间），相应方差大体在 4 左右（上、下限分别达 6 和 2）。相反，SPDI 的均值、方差分别接近于 0 和 1，其均值略大于 0，方差略小于 1，且取值在空间上几乎没有明显差异。

除均值和方差以外，根据 PDSI、SPDI 计算结果得到的黄河流域网格尺度不同等级旱涝发生频率的统计比较见图 4.8 和图 4.9。由于 PDSI 和 SPDI 的旱涝分级体系存在一些差别，这里仅考虑中等及以上程度（中等、严重和极端）旱涝的情形。结合表 4.1 中各等级旱涝发生的经验频率和图 4.8 的结果可以看出：对于黄河流域大部分面积而言，计算的 PDSI 指数都明显高估了旱、涝状况发生的频率，特别是中旱（涝）和重旱（涝）；同时，相同等级（中等、严重或极端）旱和涝的发生频率相差较大且空间分布存在明显差异。概括来说，

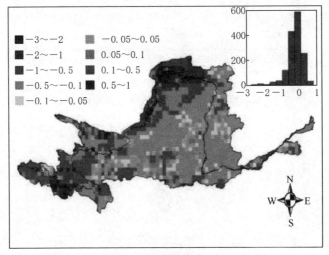

(a) PDSI 均值

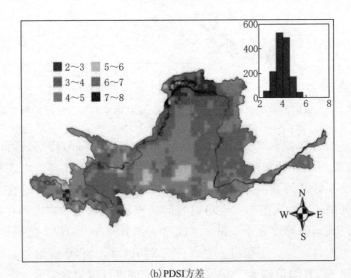

(b) PDSI 方差

图 4.7（一）　黄河流域网格尺度 PDSI 和 SPDI 的统计特征（均值和方差）

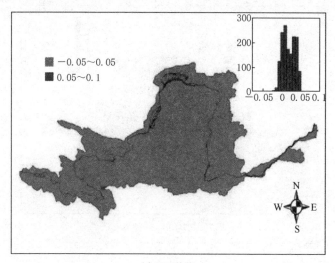

(c) SPDI 均值

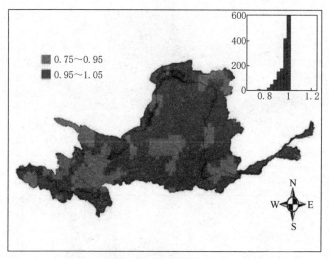

(d) SPDI 方差

图 4.7（二）　黄河流域网格尺度 PDSI 和 SPDI 的统计特征（均值和方差）

PDSI 所反映的极旱频率明显低于极涝的频率，而中旱的发生频率则显著高于中涝频率，只有重旱和重涝的发生频率在数值和空间分布上较为接近。与之相反，图 4.9 中 SPDI 反映的黄河流域不同等级旱、涝状况的频率较好地吻合了相应经验频率范围，且各等级旱涝发生频率的空间变异性总体较小。尽管 SPDI 指数所反映的极旱频率仍然略低于极涝频率，然而相同等级（中等、严重或极端）旱、涝发生的频率不仅在数值上较为接近，同时在空间分布上也更为一致。

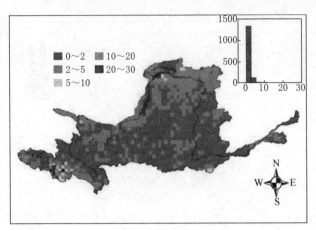

(a) PDSI极旱频率/%

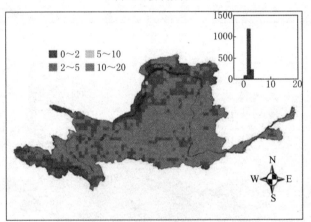

(b) PDSI极涝频率/%

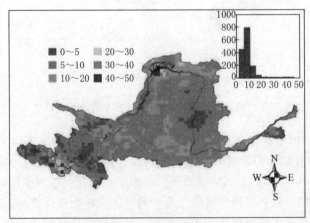

(c) PDSI重旱频率/%

图 4.8（一） PDSI 反映的黄河流域极旱（涝）、重旱（涝）和中旱（涝）发生频率

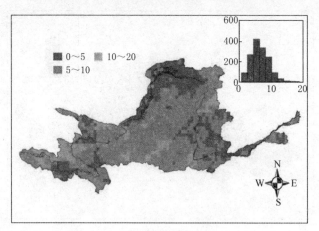

(d) PDSI 重涝频率/%

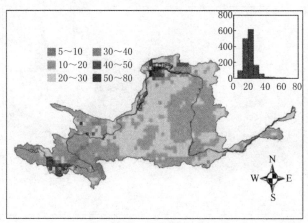

(e) PDSI 中旱频率/%

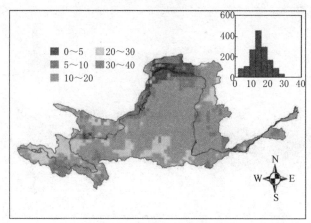

(f) PDSI 中涝频率/%

图 4.8（二）　PDSI 反映的黄河流域极旱（涝）、重旱（涝）和中旱（涝）发生频率

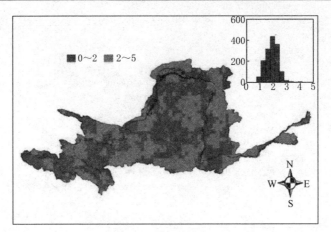

(a) SPDI极旱频率/%

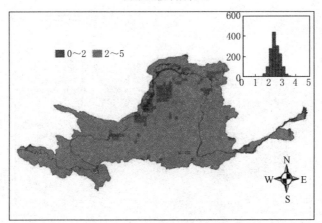

(b) SPDI极涝频率/%

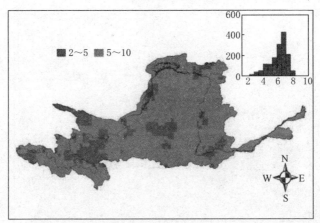

(c) SPDI重旱频率/%

图 4.9（一）　SPDI 反映的黄河流域极旱（涝）、重旱（涝）和中旱（涝）发生频率

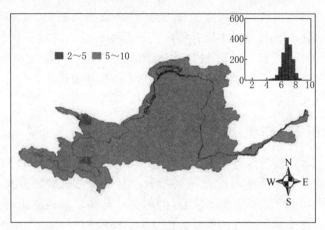

(d) SPDI重涝频率/%

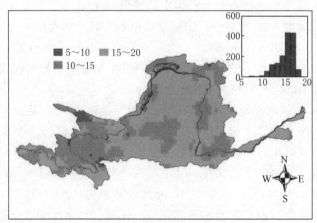

(e) SPDI中旱频率/%

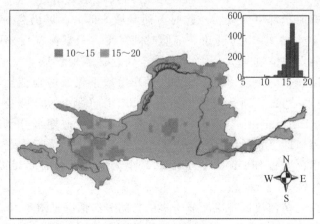

(f) SPDI中涝频率/%

图 4.9（二）　SPDI 反映的黄河流域极旱（涝）、重旱（涝）和中旱（涝）发生频率

通过比较黄河流域网格尺度上基于 VIC 水文模拟的 PDSI 和 SPDI 指数，可以看出：相比 PDSI，SPDI 具有更好的统计稳健性、时空一致性与可比性。对不同时刻和地区而言，特定 SPDI 指数值的意义将更为稳定并代表基本相同的水分异常状况，进而能够和其他时空尺度的 SPDI 值进行比较，该特性也是 SPDI 相对于 PDSI 的实质改进及优势所在。

4.4.3　SPDI 和 SPDI－JDI 对比分析

如前文所述，作为改进帕尔默干旱指标的新形式，SPDI 和 SPDI－JDI 本质上是关系密切的多变量标准化干旱指数。其中，帕尔默联合水分亏缺指数 SPDI－JDI，通过融合所有边缘 SPDI 的相关性结构，形成特定的内在联合时间尺度，从而提供一个综合的干旱评估结果，能够避免不同时间尺度可能带来的混乱，作为采用单一时间尺度 SPDI 指数分析干旱的有效补充。作为示例，首先根据网格尺度 VIC 水文模拟的结果，分别计算不同时间尺度边缘 SPDI 指数（SPDI－1、SPDI－12 和 SPDI－24）和联合 SPDI－JDI 指数，然后选择黄河流域不同时刻的初始干旱、既成干旱和持续干旱等水分异常状况，进一步比较 SPDI 和 SPDI－JDI 对相应旱情的评估结果。

1991 年 8 月黄河流域的一次干旱初现情形见图 4.10，其中 D1～D4 分别代表轻旱、中旱、重旱和极旱，W1～W4 则分别表示轻涝、中涝、重涝和极涝。从图中可以看出，SPDI－1 指示除源头区较小面积以外的黄河流域绝大部分地区都出现了显著的干旱状况，其中相当一部分面积上的旱情达到重旱和极旱的程度［图 4.10（a）］。SPDI－12 的结果却表明，此时重旱和极旱的影响范围仅限于黄河流域西北部和东南部等较小区域，其他绝大部分面积上的旱情都较轻（轻旱）［图 4.10（b）］。在更长时间尺度上，SPDI－24 所反映的干旱程度和影响面积都更加微弱，此时黄河流域大部分区域仍然处于湿涝的状况中［图 4.10（c）］。由此可知，不同时间尺度（观察窗宽）SPDI 对同一时刻旱涝状况的反映差别很大，因而不易全面、客观地评估当前的干旱状况。然而从多尺度联合的角度出发，SPDI－JDI 指数不仅及时地捕捉到了一场潜在大范围干旱的初现，而且较好地体现了 SPDI－1 所指示干旱空间影响的范围［图 4.10（d）］。同时，SPDI－JDI 也充分考虑了前期水分状况对当前旱情的影响作用，即更长时间尺度 SPDI－12 和 SPDI－24 的评估结果，因此它所反映的干旱程度较 SPDI－1 更为温和，全面综合了各时间尺度 SPDI 的内在联合概率特性。

2000 年 5 月黄河流域一次既成干旱的空间分布情况见图 4.11。可以看到，不同时间尺度 SPDI 都毫无例外地指示了此时黄河流域的显著干旱状况。其中，SPDI－1 显示该月份黄河流域绝大部分地区都遭遇着中等程度以上干旱的

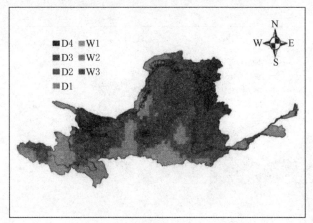

(a) SPDI-1 (1991.8)

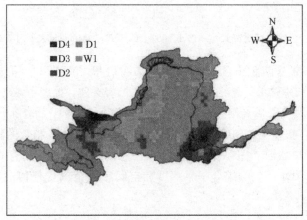

(b) SPDI-12 (1991.8)

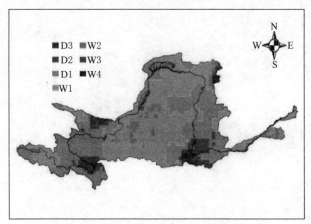

(c) SPDI-24 (1991.8)

图 4.10（一）　不同时间尺度 SPDI 和 SPDI - JDI 反映的黄河流域干旱初现状况

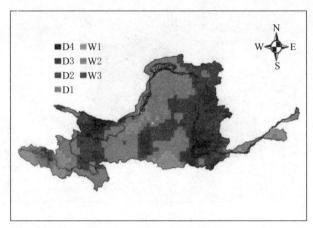

(d) SPDI-JDI (1991. 8)

图4.10（二）　不同时间尺度 SPDI 和 SPDI-JDI 反映的黄河流域干旱初现状况

影响，相当一部分面积上的旱情达到重旱和极旱 ［图4.11（a）］。相比而言，SPDI-12 和 SPDI-24 所指示的干旱严重程度略轻一些，前者主要反映了黄河流域中东部的重旱状况，后者则进一步凸显了该区域的极端干旱情形 ［图4.11（b）、图4.11（c）］。相应地，SPDI-JDI 联合了所有边缘 SPDI 指数的特性，指示出更为严峻的干旱状况 ［图4.11（d）］。由于不同观测时段内都存在明显的水分亏缺，SPDI-JDI 反映的综合干旱程度和空间影响范围比任何边缘 SPDI 都更加严重。

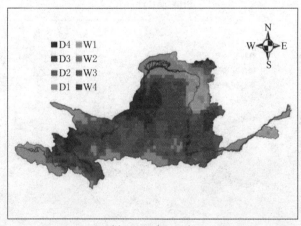

(a) SPDI-1 (2000. 5)

图4.11（一）　不同时间尺度 SPDI 和 SPDI-JDI 反映的黄河流域干旱既成状况

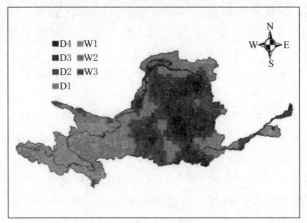

(b) SPDI-12 (2000.5)

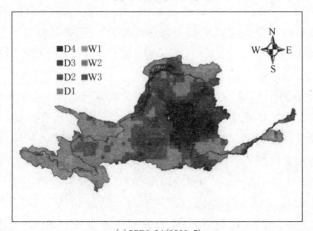

(c) SPDI-24 (2000.5)

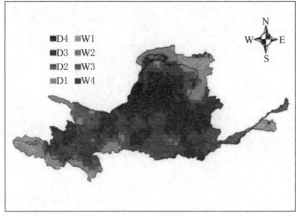

(d) SPDI-JDI (2000.5)

图 4.11 (二) 不同时间尺度 SPDI 和 SPDI-JDI 反映的黄河流域干旱既成状况

另一方面，2011 年 9 月黄河流域干旱持续的情形见图 4.12。图中网格尺度 SPDI－1 的计算结果表明，该月份几乎整个黄河流域都呈现湿涝状况，尤其是流域中西部及西北部的水分显著偏涝 ［图 4.12 （a）］。相反，SPDI－12 显示此时黄河流域大部分面积上仍然处于干旱影响的范围，仅在流域中部的部分地区存在水分偏涝状况 ［图 4.12 （b）］。同时，SPDI－24 指示的干旱状况更为显著，此时干旱的影响仍然覆盖着黄河流域内的绝大部分地区；尽管流域中西部和西北部的干旱程度相对较轻（轻旱），但黄河流域其他地区（如西部、东北部和东南部）的干旱状况依然较为显著，不容忽视 ［图 4.12 （c）］。容易看出，相比较短时间尺度的 SPDI－1，长时间尺度的 SPDI－12 和 SPDI－24 有效地反映了干旱的内在持续性，而这一特性也在 SPDI－JDI 联合指数的结果中得到了很好的体现。而且，SPDI－JDI 综合考虑了短时期内的水分盈余状况（如 SPDI－1 反映的湿涝），较好地反映出：黄河流域西部和东部干旱持续的同时，其影响也由中部地区逐渐退去并转为偏涝。这里，SPDI－JDI 对黄河流域干旱持续性的描述和它对初始干旱（如 1991 年 8 月）特征的反映恰好相反 ［图 4.12 （d）］。

　　黄河流域不同干旱状况下（初始干旱、既成干旱和持续干旱）SPDI 和 SPDI－JDI 的比较结果表明：SPDI－JDI 指数能够考虑所有边缘分布的总体相关结构，有效融合多时间尺度边缘 SPDI 的联合概率特性，从而给出与多变量联合概率密切相关的综合水分亏缺状态。用于刻画干旱发展进程时，SPDI－JDI 不仅能像短时间尺度 SPDI（如 SPDI－1）一样及早地捕捉干旱的初现，而且能够描述长时间尺度 SPDI（如 SPDI－24）所反映的干旱持续性及干旱消退。对于所有边缘 SPDI 都指示干旱的既成干旱状况，SPDI－JDI 能够综合

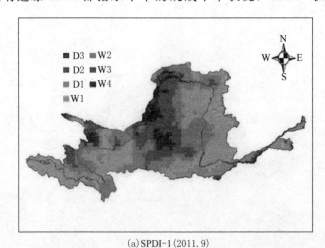

(a) SPDI－1 (2011.9)

图 4.12 （一）　不同时间尺度 SPDI 和 SPDI－JDI 反映的黄河流域干旱持续状况

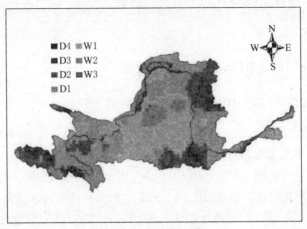

(b) SPDI-12 (2011.9)

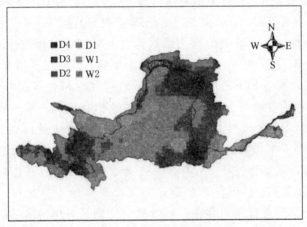

(c) SPDI-24 (2011.9)

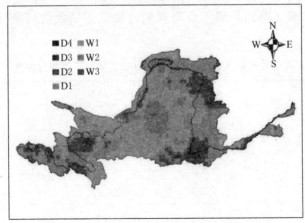

(d) SPDI-JDI (2011.9)

图 4.12（二）　不同时间尺度 SPDI 和 SPDI‐JDI 反映的黄河流域干旱持续状况

（但不局限于）不同时间尺度的评估结果，其最终指示的干旱状况较各边缘 SPDI 都更加严重。

4.4.4　SPDI 和 SPDI - JDI 可靠性分析

4.4.4.1　SPDI、SPDI - JDI 与其他干旱指数的比较

首先将黄河流域 5 个代表气象站（延安、陕坝、太原、西安和银川）的各类干旱指数计算结果与相应站点所在网格的 SPDI 和 SPDI - JDI 指数进行比较分析。其他干旱指数包括：3 个月和 12 个月时间尺度的标准化降水指数（SPI - 3、SPI - 12）、标准化径流指数（SRI - 3、SRI - 12）、标准化降水蒸散指数（SPEI - 3、SPEI - 12）、土壤含水量距平指数（SMAPI）、帕尔默干旱指数（PDSI）。各代表站 SPDI - JDI 与其他各类干旱指数及 SPDI - 3、SPDI - 12 的相关系数见表 4.4。从表中可以看出，各站 SPDI - JDI 指数与其他各类干旱指数都存在不同程度的相关性，且大部分的相关系数都在 0.6 以上，相关性较强；SPDI - JDI 与 SPDI - 3、SPDI - 12 的相关性总体上更强，其相关系数都在 0.7 以上。以延安站为例，该站 SPDI - JDI 与各类干旱指数的相关系数为 0.55～0.75，其中与 PDSI 相关性最好，与 SRI - 12 相关性相对较差。延安站历史 SPDI - JDI 和各类干旱指数的逐月时间序列见图 4.13。通过比较可以发现，SPDI - JDI 和其他各类干旱指数的波动情况大体一致，均能较好地反映出研究区的历史旱涝情势，例如该站 1957 年、1965 年、1972 年、1974 年、1999 年和 2000 年发生的严重干旱事件。然而针对某些具体的干旱过程，不同干旱指数所反映的干旱严重程度也存在一些差异，特别是对旱涝极值的反映。上述分析结果表明：与其他干旱指数相比，SPDI 和 SPDI - JDI 指数对历史旱涝的反映不存在明显的偏差或不合理现象，相应干旱评估结果具有较好的可靠性。

表 4.4　黄河流域代表气象站网格 SPDI - JDI 与多种干旱指数的相关系数

干旱指数	SPDI - JDI				
	延安	陕坝	太原	西安	银川
SPI - 3	0.71	0.72	0.73	0.75	0.74
SPI - 12	0.69	0.71	0.70	0.68	0.69
SRI - 3	0.70	0.65	0.71	0.65	0.72
SRI - 12	0.55	0.66	0.63	0.37	0.66
SPEI - 3	0.68	0.48	0.68	0.70	0.66

续表

干旱指数	SPDI - JDI				
	延安	陕坝	太原	西安	银川
SPEI - 12	0.70	0.47	0.68	0.66	0.63
SMAPI	0.64	0.59	0.66	0.71	0.64
PDSI	0.75	0.67	0.67	0.71	0.75
SPDI - 3	0.74	0.74	0.75	0.77	0.76
SPDI - 12	0.72	0.71	0.71	0.72	0.70

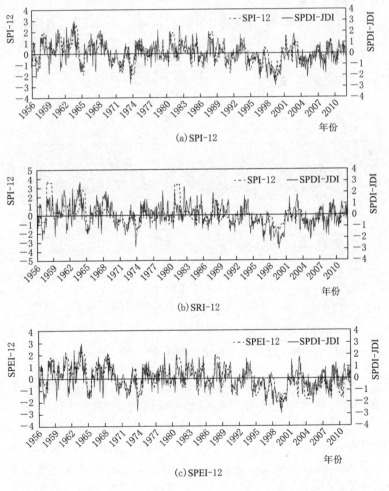

(a) SPI-12

(b) SRI-12

(c) SPEI-12

图 4.13（一）　延安站网格 SPDI - JDI 和多种干旱指数的比较

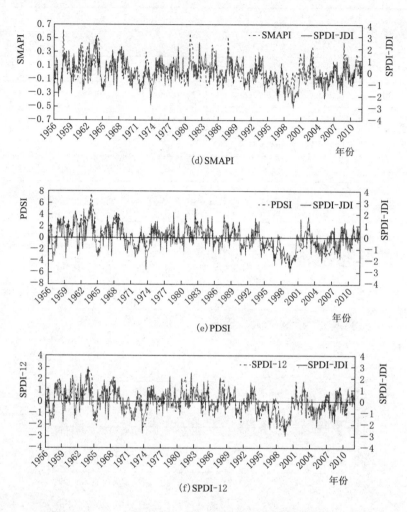

(d) SMAPI

(e) PDSI

(f) SPDI-12

图 4.13（二）　延安站网格 SPDI - JDI 和多种干旱指数的比较

4.4.4.2　SPDI、SPDI - JDI 与《旱涝图集》的比较

　　根据《中国近五百年旱涝分布图集》[193]（简称《旱涝图集》）中的相关历史旱情记录，检验所构建基于 VIC 水文模拟的 SPDI 和 SPDI - JDI 指数用于反映历史旱涝的可靠性与合理性。《旱涝图集》中将不同旱涝状况划分为 5 个等级（涝、偏涝、正常、偏旱和旱），为便于和 SPDI、SPDI - JDI 指数所反映的旱涝情况进行对比，此处对《旱涝图集》的旱涝等级划分进行相应调整（表 4.5）。

表 4.5　　《中国近五百年旱涝分布图集》与 SPDI/SPDI-JDI 指数分级对照表

旱涝程度	涝	偏涝	正常	偏旱	旱
旱涝图集原始分级	1	2	3	4	5
旱涝图集调整分级	2	1	0	−1	−2
对应 SPDI/SPDI-JDI 范围	≤−1.5	(−1.5, −0.5]	(−0.5, 0.5)	[0.5, 1.5)	≥1.5

1. 代表气象站时间序列分析

黄河流域 5 个代表气象站（延安、陕坝、太原、西安和银川）所在网格的 SPDI-3、SPDI-12、SPDI-JDI 指数和相应站点所对应《旱涝图集》的旱涝评估结果的比较见图 4.14。总体上看，各站 SPDI 和 SPDI-JDI 指数反映的旱涝情势与《旱涝图集》中的历史旱涝记载具有较好的一致性。仍以延安站为例，具体说明如下：该站 SPDI-3 序列因时间尺度较短而对干旱发生和结束反应灵敏，指标序列较易出现大幅波动；SPDI-12 时间尺度相对更长，对持续干旱具有较好表现，但具有滞后效应；相对而言，融合了不同时间尺度特征的 SPDI-JDI 对干旱初现和持续干旱都有更好的识别能力，基本能够抓住典型历史干旱事件，例如对延安站 1957 年、1974 年、1997 年、1999 年和 2000

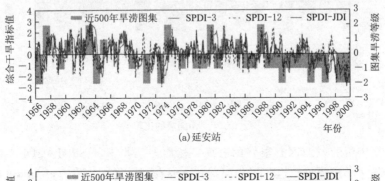

(a) 延安站

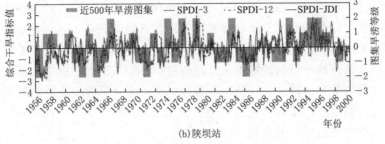

(b) 陕坝站

图 4.14（一）　黄河流域代表气象站网格 SPDI、SPDI-JDI 指数和
近 500 年旱涝图集的比较

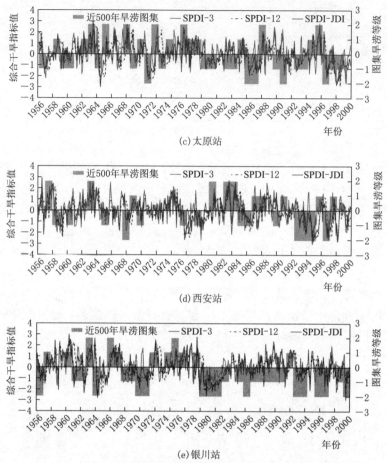

图 4.14（二）　黄河流域代表气象站网格 SPDI、SPDI - JDI 指数和
近 500 年旱涝图集的比较

年等重旱年份的识别都有很好的表现；然而，某些年份 SPDI - JDI 表征的旱涝情势与《旱涝图集》也不尽相同。其主要有两个方面的原因：①两者所采用的数据、统计时段和处理方法存在差别，例如《旱涝图集》主要根据每年 5—9 月份的降水量距平确定该年份的旱涝状况与等级，而 SPDI - JDI 则综合考虑了包含降水在内的一系列区域水文条件与过程；②基于水文模拟的 SPDI - JDI 侧重反映网格单元内较大空间范围的总体旱情，而《旱涝图集》则更多地反映了延安站所在地点的干湿状况。其他各气象站 SPDI、SPDI - JDI 指数与《旱涝图集》的比较结果基本类似。

2. 典型年份空间比较分析

《旱涝图集》反映了全国 120 个站点逐年旱涝等级的空间分布，其中黄河流域范围内的站点共有 15 个（西宁、兰州、银川、陕坝、呼和浩特、鄂托克旗、榆林、延安、天水、平凉、西安、太原、临汾、洛阳和济南）。图集中历史时期各地旱涝等级值主要依据史料记载评定，但在有降水量记录时，则主要根据实测降水量确定[193]。例如，对于黄河流域 1949 年以后而言，其每年的旱涝等级一般采用站点所在地区 5—9 月份的降水量多寡进行评定，具体方法见《旱涝图集》说明部分。下面选取黄河流域 15 个站点中反映旱情最重（出现旱或偏旱站点最多）的 4 个年份，即 1965 年、1972 年、1986 年和 1997 年，分别比较《旱涝图集》中站点旱涝等级与相应站点所在网格 SPDI 和 SPDI - JDI 指数的结果。为方便比较，此处仍然采用《旱涝图集》调整后的 5 个旱涝等级，即涝（2）、偏涝（1）、正常（0）、偏旱（-1）和旱（-2），相应不同旱涝等级 SPDI/SPDI - JDI 的取值范围见表 4.5。

　　黄河流域 1965 年、1972 年、1986 年和 1997 年 9 月份，所有站点不同时间尺度 SPDI（SPDI - 1、SPDI - 3、SPDI - 6、SPDI - 12、SPDI - 24）和 SPDI - JDI 指数与《旱涝图集》评定结果（REC500）的空间比较见图 4.15。从图中可以看出，各典型年绝大多数站点 9 月份的 SPDI、SPDI - JDI 指数均能不同程度反映出和《旱涝图集》中一致的旱涝状况与等级。以 1965 年为例，《旱涝图集》显示除西安站以外，其他所有站点均呈旱或偏旱状态，即黄河上、中、下游绝大部分流域面积上的旱情都非常严重。相应地，约一半站点 SPDI - JDI 指数反映的干旱等级和《旱涝图集》完全相同，这很大程度上是由于 SPDI - JDI 综合了 SPDI - 1、SPDI - 3、SPDI - 6、SPDI - 12、SPDI - 24 等不同时间尺度的结果。《旱涝图集》指示该年份为旱或偏旱的站点，相应时间尺度 SPDI 指数也都有不同程度的反映，二者对黄河流域 1965 年大范围严重干旱的空间

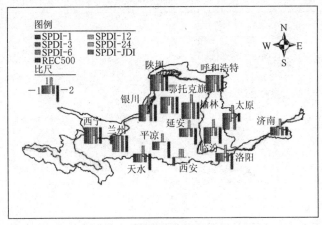

(a) 1965.9

图 4.15（一）　黄河流域典型年份 SPDI、SPDI - JDI 指数与《旱涝图集》站点的空间比较

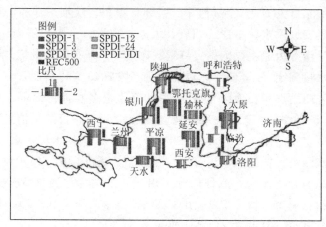

(b) 1972.9

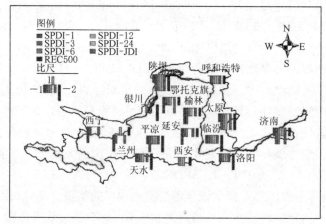

(c) 1986.9

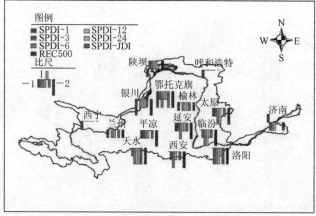

(d) 1997.9

图 4.15（二）　黄河流域典型年份 SPDI、SPDI - JDI 指数与《旱涝图集》站点的空间比较

描述较为吻合。此外，同《旱涝图集》所反映干旱等级最接近的 SPDI 指数的时间尺度，在不同站点并不完全一致；总体上，若多个时间尺度的 SPDI 指数同时指示旱或偏旱状态，则相应站点所在地区的旱情一般较严重，在《旱涝图集》中也同时反映为干旱年份。然而，在其中一些年份和站点，如 1965 年平凉站、1972 年临汾和济南站、1986 年银川站，《旱涝图集》指示的严重干旱并未在 SPDI 和 SPDI－JDI 指数结果中得到有效反映。可能原因包括：SPDI 和 SPDI－JDI 指数基于 VIC 水文模拟，考虑了包含降水在内的其他水文过程，如蒸散发、径流和土壤蓄水等，而《旱涝图集》仅考虑了站点附近 5—9 月份的降水量，两者在机理上存在不同；同时，由于水文过程相对于降水的滞后效应，某些地区 5—9 月份降水量的严重亏缺很可能还未反映在相应 9 月份的 SPDI 和 SPDI－JDI 指数结果中。当然也不能否认，水文模拟较大的误差也可能导致部分站点 SPDI 和 SPDI－JDI 指数的可靠性较低，如济南站所在河口区 VIC 模型的参数均采用默认值，而并未经过严格率定，这也是《旱涝图集》显示该站 1972 年为干旱年份，而相应 SPDI 和 SPDI－JDI 指数均指示为正常的可能原因。

4.4.4.3　SPDI－JDI 与《历史干旱》的比较

根据《中国历史干旱 1949—2000》[194]（简称《历史干旱》）中相关历史旱情统计数据，检验基于 VIC 水文模拟的 SPDI－JDI 指数用于反映历史旱涝的可靠性。《历史干旱》中详细统计了黄河流域 1949—2000 年的逐年农业受旱率与成灾率变化（图 4.16），可以采用此数据检验网格 SPDI－JDI 指数的计算结果。考虑到农业出现受旱时所对应的旱情一般需达到特定程度，因此取 SPDI－JDI≤－1.0（中旱）作为判定网格是否发生相当程度干旱的依据。根据美国马里兰大学全球 1 km 植被覆盖数据库，提取黄河流域每个 0.25°网格内耕地所占的比重（面积），将某个月份所有发生干旱（SPDI－JDI≤－1.0）网格中的耕地面积之和作为当月的流域农业总受旱面积，并取一年当中 12 个月份的农业受旱面积平均值作为该年份的农业受旱面积，其与黄河流域总面积的比值即为计算的该年份农业受旱百分率，据此最终得到由 SPDI－JDI 指数估算的黄河流域逐年农业受旱率（图 4.16）。从《历史干旱》反映的受旱率和成灾率来看，黄河流域农业生产受干旱的威胁和影响极为严重，其中 20 世纪 60 年代至 90 年代期间都曾出现连续时段农业受旱率较高的情况，相应成灾率大都在 20％以上；尤其是 90 年代，黄河流域的受旱率与成灾率大幅上升，很多年份的农业受旱率高达 40％，相当一部分年份的成灾率也都超过 30％，旱灾给流域农业生产造成的不利影响及损失空前严重。相应地，根据 SPDI－JDI 指数得到的黄河流域逐年农业受旱率计算值和《历史干旱》中农业受旱、成灾率统计值

的变化情况大体一致，例如对于文献记载农业受旱率和成灾率较高的年份
（1962 年、1972 年、1980 年、1982 年、1987 年、1991 年、1992 年、1994 年、
1995 年、1997 年、1999 年和 2000 年等），相应 SPDI - JDI 指数计算的黄河流
域农业受旱率也都很高，二者的结果基本吻合。SPDI - JDI 指数反映的黄河流
域农业受旱率和《历史干旱》中农业受旱、成灾率的相关系数分别为 0.72 和
0.71，它们之间存在较强的线性相关关系。根据 SPDI - JDI 指数的计算结果，
1990 年以后黄河流域的农业受旱率也保持较高水平，是流域内农业受旱和成
灾最为严重且集中的时期。另外，由 SPDI - JDI 指数计算的农业受旱率总体
上高于《历史干旱》统计的农业受旱率，尤其是对于流域受旱率非常高的年
份，其原因可能包括：①在旱情特别严重的时段，人们往往通过各种应急手段
和措施，如挖渠引水、增加地下水开采和启用抗旱储备水源等进行农田灌溉，
用以缓解干旱对农业生产的不利影响，从而使实际受旱率和成灾率不同程度降
低；②由 SPDI - JDI 指数估算流域农业受旱率时，所使用全球植被覆盖数据
的空间分辨率和精度有限，其根据遥感反演获得的农业耕地面积数据和实际情
况可能存在较大差异，导致计算值和统计值之间也存在误差；此外，不同地
点、不同时刻农业受旱所对应的实际旱情各不相同，取 SPDI - JDI ≤ - 1.0
（中旱）作为粗略判定农业是否受旱的依据，其计算结果也仅能作为实际农业
受旱情况的概化与参考。然而也可以看到，根据 SPDI - JDI 指数计算的黄河
流域 20 世纪 90 年代的农业受旱率与《历史干旱》的统计结果较为接近，二者
同时反映出该时段内黄河流域农业受旱率连年处于较高水平的状况。上述比较
结果也在一定程度上表明：采用 VIC 水文模拟结果作为输入数据计算的 SPDI -
JDI 联合水分亏缺指数，在用于反映黄河流域网格尺度的历史干旱特性时，具有
较好的可靠性。

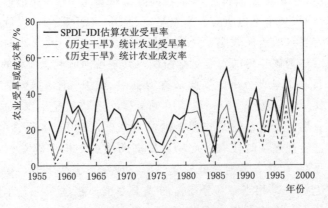

图 4.16　黄河流域 SPDI - JDI 指数计算农业受旱率和
《历史干旱》统计结果的比较

4.4.5 SPDI‐JDI干旱监测结果评估

本小节继续采用多种传统帕尔默指数（PDSI、PMDI、PHDI和ZIND）综合运用的结果作为参照值，分别计算相应命中率（POD）、误报率（FAR）和成功率（CSI）等指标，以定量评估SPDI‐JDI在黄河流域干旱监测中的效用。其中，"观测"和"预测"干旱的定义，以及POD、FAR、CSI的定义和计算方法与第3章相同，此处不再赘述。

根据上述方法得到黄河流域网格尺度SPDI‐JDI的干旱命中率POD、误报率FAR和成功率CSI结果见图4.17，其中POD、FAR和CSI等指标定量

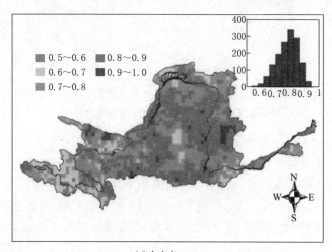

(a)命中率POD

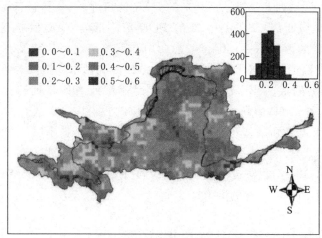

(b)误报率FAR

图4.17（一） 黄河流域SPDI‐JDI指数捕获干旱的命中率、误报率和成功率
（以多种传统帕尔默指数的综合监测结果为基准）

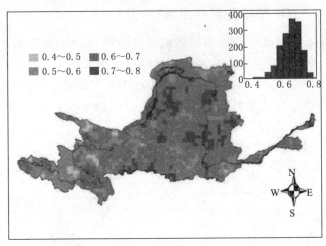

(c) 成功率 *CSI*

图 4.17（二）　黄河流域 SPDI - JDI 指数捕获干旱的命中率、误报率和成功率
（以多种传统帕尔默指数的综合监测结果为基准）

反映了 SPDI - JDI 的干旱监测能力。从图中结果可以看出，黄河流域大部分网格上 SPDI - JDI 指数的 *POD* 值都大于 0.7，所有网格 *POD* 的平均值在 0.8 左右；其中，仅有部分西部和北部等有限面积上的 *POD* 值相对低一些（小于 0.6）。类似地，黄河流域大部分面积上 SPDI - JDI 的 *CSI* 值都在 0.6 以上，全流域 *CSI* 的平均值约为 0.7；同样，仅有流域西北部较少区域上的 *CSI* 值相对较低（小于 0.5）。相反，黄河流域大部分网格上 SPDI - JDI 的 *FAR* 值都低于 0.3，仅有流域西北部极小面积上的 *FAR* 值超过 0.4。尽管黄河流域部分地区（特别是流域西部）SPDI - JDI 的 *POD* 值略低而 *FAR* 值略高，但 *CSI* 能兼顾它们二者的评估结果，综合考虑命中和误报情况，其结果表明 SPDI - JDI 指数用于模拟黄河流域干旱监测时，与多种传统帕尔默指数的综合运用结果相比具有较高的成功率。总体上，对黄河流域所有网格而言，被 PDSI、PMDI、PHDI 和 ZIND 中任一指标指示为干旱的月份中，大约有 80% 也将同时被 SPDI - JDI 指数所捕捉；在大多数网格上，考虑误报率以后相应 SPDI - JDI 监测干旱的成功率仍然可达 70%。相比多种传统帕尔默指数的综合运用结果，SPDI - JDI 单一指数对黄河流域网格尺度干旱的监测能力依然表现突出，具有反映干旱不同侧面影响的潜力。

4.5　黄河流域历史干旱时空变化特征分析

上述各类比较结果表明，作为一种改进帕尔默干旱指标的新形式，基于

VIC 水文模拟的 SPDI - JDI 联合指数具有某些明显优势，包括统计稳定性、时空一致性与可比性、有效融合多尺度旱情信息、捕捉干旱初现与持续性，以及较高的干旱侦测能力等。因而，可以采用 VIC 水文模拟结果作为输入数据，计算 SPDI - JDI 联合水分亏缺指数，进一步分析黄河流域网格尺度历史干旱的时空变化特征。

4.5.1 干旱识别

为了定量研究网格干旱特性，一般需要先通过游程分析提取干旱历时和烈度等特征变量，这里介绍多阈值干旱识别方法，见图 4.18。多阈值方法就是采用多个不同的阈值对时间序列 X（如计算的 SPDI - JDI 指数序列）进行多次截取分析，从而提取干旱历时和烈度等特征变量。其中，阈值的个数和不同阈值的选取方法也很多，这里选择文献［195］推荐的 3 阈值干旱识别方法。具体方法为：预先设定 3 个不同的阈值（截取水平）$X_1 > X_0 > X_2$；首先采用阈值 X_0 对时间序列 X 进行截取，得到 a、b、c、d 共 4 个负游程；然后，考查间隔时间仅为 1 个月的两个相邻负游程 b 和 c，若间隔时间上的 X 值小于阈值 X_1，则将 b 和 c 两个相邻负游程合并为一个长度更大的负游程，若间隔时间上的 X 值大于阈值 X_1，则保持 b 和 c 作为两个单独的负游程；最后，进一步考查长度仅为 1 个月的负游程 a 和 d，由于 a 所对应的 X 值小于阈值 X_2，因此保留其作为一个负游程，而 d 所对应的 X 值大于阈值 X_2，最终将其从负游程中予以剔除。经过上述多阈值截取，最终识别得到共 2 次干旱事件（即 a 和 $b+c$），其干旱历时分别为 1 和 8 个月（负游程长），相应干旱烈度可分别用各干旱历时上 X 偏离 X_0 所包围的面积（负游程和）定量表示[28]。可以看到，多阈值方法识别干旱的特点在于：①对于两次干旱过程之间，出现短时（1 个月）干旱轻微缓解的情形，仍然将其作为一次长时间连续干旱过程进行处理；②对于短历时（1 个月）的潜在干旱过程，若其干旱程度超过一定范围，则将其视为一次有效干旱事件，否则不予考虑。这样做一方面能够有效减少可能对

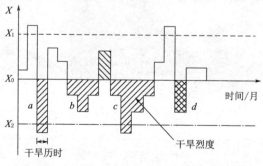

图 4.18 多阈值游程分析识别干旱变量示意图

长历时连续干旱过程的不合理分割，另一方面也能在一定程度上抑制小干旱过程的影响。根据 SPDI‐JDI 指数的旱涝等级划分标准，本书在采用该指数识别网格干旱特征变量时，多阈值选择方案为：X_1：SPDI‐JDI＝1.0、X_0：SPDI‐JDI＝0，X_2：SPDI‐JDI＝－1.0。

4.5.2 干旱频次和总历时

根据 SPDI‐JDI 指数计算结果，通过多阈值游程分析提取历史干旱事件及相应干旱历时和烈度等特征变量，其中3个截取水平（阈值）分别取为 SPDI‐JDI＝1.0、SPDI‐JDI＝0 和 SPDI‐JDI＝－1.0。据此得到黄河流域1961—2012 年间干旱事件频次和干旱总历时的空间变化情况（图4.19）。可以

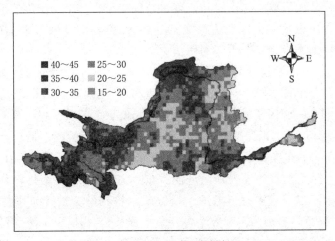

(a)1961—2012年干旱频次

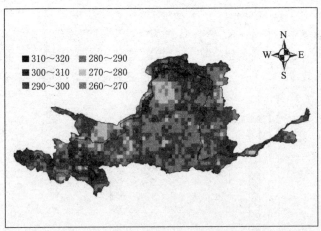

(b)1961—2012年干旱总历时/月

图 4.19 SPDI‐JDI 反映的黄河流域干旱发生频率和干旱总历时

看到，研究时段内黄河流域绝大部分面积上的干旱次数都在 20 次以上，其中东部和中西部等部分地区干旱发生的频次相对低一些；流域中北部、西部和东南部等区域的干旱频次相对较高（超过 30 次），其中部分网格上干旱发生的次数达 40 次左右。平均来看，在所研究的 52 年时间里，黄河流域网格尺度干旱频率接近每两年发生 1 次至每年发生 1 次，相应干旱发生频率及风险程度都很高。同时，黄河流域绝大多数网格干旱状态的总历时为 270~310 个月，约占相应总时长（52 年，624 个月）的 43.7%~49.7%，即黄河全流域有将近一半的时间都处于干旱影响之中。而且，流域内网格干旱总历时的空间分布在不同地区之间总体差别不大。

4.5.3　干旱历时和干旱烈度

由 SPDI-JDI 计算得到的黄河流域网格尺度干旱历时和烈度的长期统计特征值（平均值和最大值）见图 4.20。图中结果显示，流域内绝大多数网格的平均干旱历时为 6~12 个月，其中流域中西部和东部的平均干旱历时略长一些。同时，黄河流域网格尺度最大干旱历时的空间变化较大，流域内绝大部分地区的最大干旱历时都为 24~60 个月（约 2~5 年）；其中，流域东部、中南部和西部等少部分地区的网格最大干旱历时非常长，在 72 个月以上。类似地，黄河流域大部分面积上的平均干旱烈度都为 5~9，其中网格平均干旱烈度相对较高的区域主要包括流域中西部和东部等地区，其空间分布与网格平均干旱历时非常类似。流域内网格尺度最大干旱烈度从 20 开始变化直至超过 100，其空间分布情况也与网格最大干旱历时较为类似，相应空间变化明显。

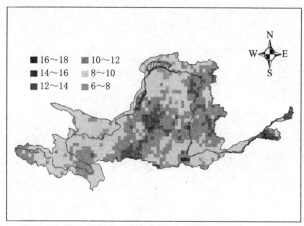

(a)1961—2012年平均干旱历时/月

图 4.20（一）　SPDI-JDI 反映的黄河流域干旱历时和烈度统计特征（平均值和最大值）

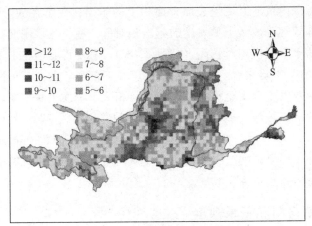

(b) 1961—2012 年平均干旱烈度

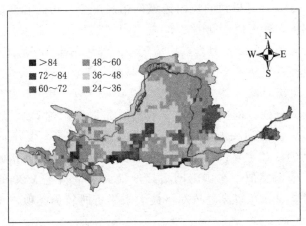

(c) 1961—2012 年最大干旱历时/月

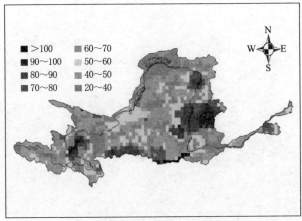

(d) 1961—2012 年最大干旱烈度

图 4.20 （二）　SPDI‐JDI 反映的黄河流域干旱历时和烈度统计特征（平均值和最大值）

    另外,可以采用 M-K 非参数检验方法分析干旱历时和烈度时间序列中
可能存在的上升或下降趋势。具体需要通过计算正态化的 M-K 检验统计量
Z,确定潜在的时间趋势及其统计显著性:若 Z 值大于(小于)2.57(-2.57),
则所检验时间序列存在上升(下降)趋势,其显著性水平为 0.01;若 Z 值大
于(小于)1.96(-1.96),则相应时间序列存在上升(下降)趋势,其显
著性水平为 0.05;若 Z 值介于 0 和 1.96(-1.96)之间,则相应上升(下
降)趋势在统计上是不显著的。黄河流域网格尺度干旱历时和烈度的 M-K
检验统计量计算结果见图 4.21。从图中可以看出,干旱历时和干旱烈度的
M-K 检验统计量空间分布情况基本一致;除少数网格外,黄河流域绝大部分
面积上网格干旱历时和干旱烈度 M-K 检验统计量的绝对值都小于 1.96

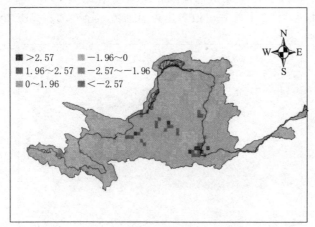

(a)1961—2012年干旱历时M-K统计量

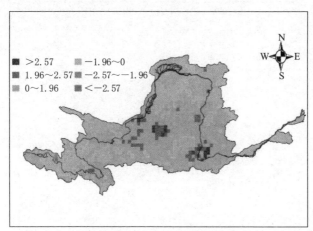

(b)1961—2012年干旱烈度M-K统计量

图 4.21　SPDI-JDI 反映黄河流域干旱历时和烈度的 M-K 变化趋势

（$|Z|<1.96$，趋势不显著），即干旱历时和烈度存在显著增大或减小趋势的流域面积及影响都很小。然而，黄河流域大部分面积上干旱历时和干旱烈度的 M－K 检验统计量都介于 0 和 1.96 之间（$0<Z<1.96$，不显著的上升趋势），干旱历时和干旱烈度都变大（历时更长、烈度更强）的情况也不容忽视，尽管上述变化趋势还没有达到相应临界统计显著性（$|Z|>1.96$ 或 $|Z|>2.57$）。

4.5.4　全年和分季节干旱

除了上述针对历时和烈度等干旱特征变量的分析外，全年和分季节干旱的长期统计特征也具有重要意义。为此，分别选择每年 1 月份、4 月份、7 月份和 10 月份的干旱指数计算结果，分析相应冬季、春季、夏季和秋季的旱涝状况。据此得到 1961—2012 年黄河流域各季节和全年 SPDI－JDI 指数的平均值见图 4.22。由图 4.22 中首先可以看出，黄河流域全年时段 SPDI－JDI 的均值

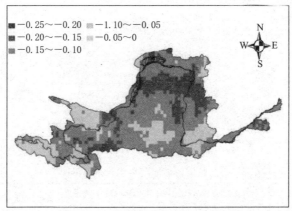

(a) 1961—2012年1月份(冬季)SPDI-JDI均值

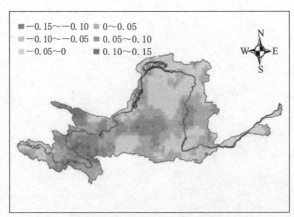

(b) 1961—2012年4月份(春季)SPDI-JDI均值

图 4.22（一）　黄河流域长期分季节和全年时段 SPDI－JDI 指数均值

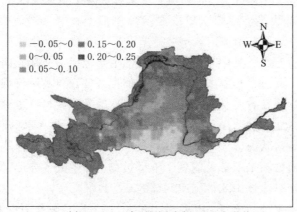

(c) 1961—2012年7月份(夏季)SPDI-JDI均值

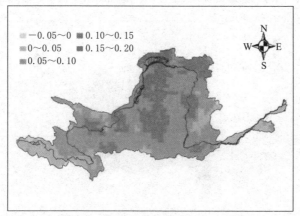

(d) 1961—2012年10月份(秋季)SPDI-JDI均值

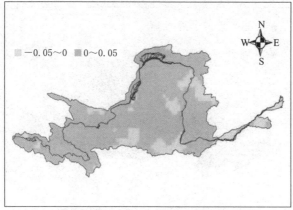

(e) 1961—2012年全年时段SPDI-JDI均值

图 4.22(二) 黄河流域长期分季节和全年时段 SPDI-JDI 指数均值

都非常接近于 0，这表明从长时期年尺度来看，整个黄河流域似乎都处于基本正常的水分供需状况，相应干旱或湿涝现象都不显著。然而在季节尺度上，SPDI - JDI 计算结果显示黄河流域各季节的旱、涝时空变化明显。春季黄河流域不同地区旱涝参半，其中干旱影响的范围主要包括中北部、南部和流域最西端的部分区域，此时，干旱或湿涝的程度都相对较轻。黄河流域大部分地区在夏季都比较湿润，仅有南部（如渭河流域）少部分区域可能受到轻微干旱的影响，并且流域东北部和西南部等外围地区水分更为充足。黄河流域大部分区域在秋季也处于湿涝状况，流域最西端和最东端部分地区的水分状况接近正常状态。整个黄河流域在冬季都可能处于干旱状态，其中大部分地区的干旱影响都比较显著，特别是流域中北部和中西部的某些区域。

黄河流域各季节和全年 SPDI - JDI 指数 M - K 检验统计量的计算结果见图 4.23，由此能够定量分析流域内干旱严重程度的时间变化趋势。可以看出，

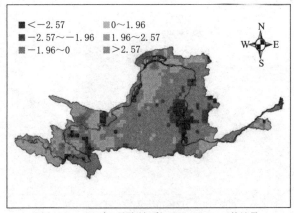

(a)1961—2012年1月份(冬季)SPDI-JDI M-K统计量

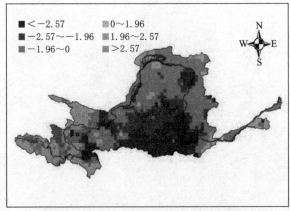

(b)1961—2012年4月份(春季)SPDI-JDI M-K统计量

图 4.23（一）　黄河流域分季节和全年时段 SPDI - JDI 指数的 M - K 变化趋势

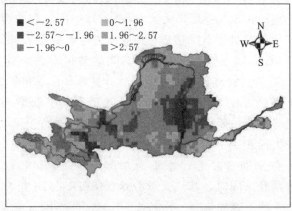

(c) 1961—2012年7月份（夏季）SPDI-JDI M-K统计量

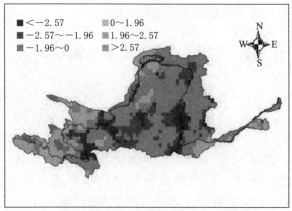

(d) 1961—2012年10月份（秋季）SPDI-JDI M-K统计量

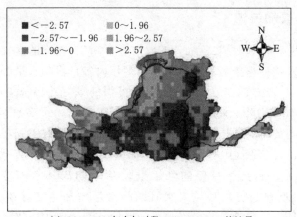

(e) 1961—2012年全年时段SPDI-JDI M-K统计量

图 4.23（二） 黄河流域分季节和全年时段 SPDI-JDI 指数的 M-K 变化趋势

黄河流域大部分地区各季节的 SPDI－JDI 指数序列都呈现不同程度的下降趋势（干旱指数值减小，干旱强度增大）。春季流域中南部和中西部较大面积上的 SPDI－JDI 指数值呈显著下降趋势，相应显著性水平为 0.05（$Z<-1.96$），其中，大部分区域 SPDI－JDI 指数值的下降趋势极显著，其显著性水平为 0.01（$Z<-2.57$）。黄河流域其他 3 个季节（夏季、秋季和冬季）SPDI－JDI 指数值的显著下降趋势在空间分布上也较为类似，其中秋季 SPDI－JDI 指数值呈显著下降趋势的流域面积略大于夏季和冬季。同季节干旱的变化趋势相一致，黄河流域较大面积上（中南部和中西部）全年时段 SPDI－JDI 指数值的下降趋势显著，分别通过显著性水平为 0.05（$Z<-1.96$）和 0.01（$Z<-2.57$）的趋势检验。同时，其他大部分地区 SPDI－JDI 指数（分季节和全年）也都呈不显著的下降趋势（$-1.96<Z<0$），可能指示黄河流域潜在的大范围干旱化趋势，因此也不容忽视。此外，流域西北部和最西端较小面积上（如黄河源头区）可能存在显著变湿润的趋势。

4.6　气候变化条件下黄河流域未来干旱情景预估

本节选用 IPCC A1B 排放情景下[196,197]，经空间降尺度和偏差修正处理的 3 种气候模式（CSIRO_A1B、MPI_A1B 和 PRECIS_A1B）所对应的未来气候变化情景的模拟气象数据，作为 VIC 水文模型的大气强迫输入，根据分布式水文模拟和 SPDI－JDI 指数的计算结果，预估黄河流域未来气候变化情景下的干旱特性。上述 3 组气候模式数据均包括黄河流域各网格基准期（1961—2012 年）和未来情景（2016—2045 年），即 CSIRO_A1B、MPI_A1B 和 PRECIS_A1B 相应的逐日降水量、日最高和最低气温时间序列。

4.6.1　降水量和气温

根据基准期和各气候模式 A1B 排放情景下 0.25°网格的逐日降水量和气温模拟数据，可以统计整个黄河流域未来时期年内各月份降水量和气温可能发生的变化。基准期（1961—2012 年）和未来模拟情景（2016—2045 年）的黄河流域各月份多年平均降水量和气温的比较见图 4.24。从降水量的变化来看，气候模式预估的黄河流域未来时期年降水量较基准期均有不同程度的增加。具体到年内各月份，CSIRO_A1B 模式模拟的 7、8、9 月份降水量增加较大，可达 10mm 以上，而其余月份的降水量较基准期都基本不变或略有减少。PRECIS_A1B 反映的黄河流域未来时期降水量增加主要发生在 3—4 月份，其次为 9—11 月份，尽管各月份降水量的增加不大，但相应年降水总量的增加却较为显著。MPI_A1B 预估的未来时期降水量和基准期最为接近，其变化主要出现在 8 月份（减少）和 9 月份（增加），其他所有月份的降水量与基准期都基本持平，相应年降水量较基准期增加很小。总之，各气候模式模拟的未来时期降水量变化基本保留了黄河流域基准期降水量的年内分配规律，即每年 5—9 月份降水量占全年降水量的比重很大，而其余月份的降水量都较小；未来气候变化情景下，黄河流域降水量有所增加的同时，年内各月份降水量不均的状况也将发生一定变化（例如，CSIRO_A1B 预估夏季降水量增加，其他时段降水量减少或不变；而 PRECIS_A1B 预估夏季降水量基本不变，春季和秋季降水量增加明显）。相比降水量，各气候模式（CSIRO_A1B、MPI_A1B、PRECIS_A1B）预估的黄河流域未来情景各月份平均气温的变化趋势都比较一致，即气候模式模拟的黄河流域未来时期各月份气温比基准期明显升高。尽管不同气候模式预估未来各月份平均气温较基准期的变化幅度存在差异，但总体上未来 7—8 月份和 12 月—次年 1 月份气温升高（1.5℃以上）的程度相比其他月份（1.0℃左右）要更为剧烈。

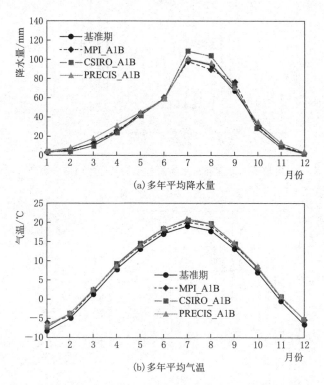

图 4.24　黄河流域年内各月份多年平均降水量和气温（基准期和未来模拟情景）

黄河流域 1500 个网格基准期和气候模式模拟未来情景各季节及全年降水量空间变率的比较见图 4.25。从图中结果能够看出，CSIRO_A1B 模式预估的网格尺度降水量空间变率较基准期显著增大，尤其是夏季降水量和全年降水量；PRECIS_A1B 预估降水量的空间变异性也略高于基准期；而 MPI_A1B 模拟网格季节和全年降水量的空间差异性比基准期要小。然而，不管是基准期还是气候模式模拟未来情景，黄河流域网格尺度各季节和全年降水量的极大异常值都较多，即有相当一部分网格的降水量要远超过流域平均水平，导致流域内降水空间分布不均的问题尤为突出。此外，从全年降水量来看，相比基准期的面平均值（457.3mm），CSIRO_A1B、MPI_A1B 和 PRECIS_A1B 模式预估的未来情景黄河流域年平均降水量将分别增加 10.0mm、3.5mm 和 25.8mm。同样，黄河流域所有网格基准期和气候模式模拟未来情景各季节和

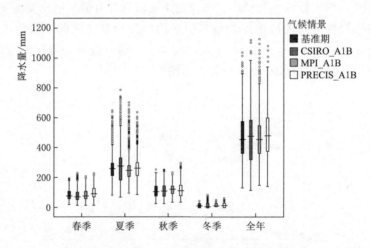

图 4.25　黄河流域基准期和未来情景各季节及全年网格平均降水量预估

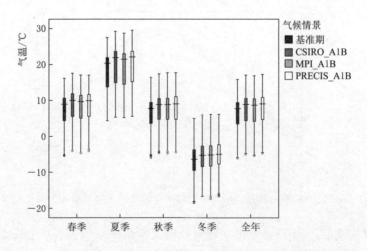

图 4.26　黄河流域基准期和未来情景各季节及全年网格平均气温预估

全年平均气温空间变率的比较见图 4.26。与降水量不同，气候模式预估的网格尺度不同季节及全年平均气温除了较基准期升高之外，其空间变异性和基准期也大体相当；而且，各网格气温的空间分布相对集中一些，仅有个别气温的极小异常值超出 5% 分位数的下限。相比基准期的年平均气温（6.3℃），CSIRO＿A1B、MPI＿A1B 和 PRECIS＿A1B 模式预估的未来情景黄河流域年平均气温将分别升高 1.2℃、1.0℃ 和 1.4℃。

3 种气候模式（CSIRO＿A1B、MPI＿A1B 和 PRECIS＿A1B）预估的黄河流域未来情景（2016—2045 年）网格多年平均降水量和平均气温与相应基准期（1961—2012 年）观测资料的差值分别见图 4.27 和图 4.28。图中结果显

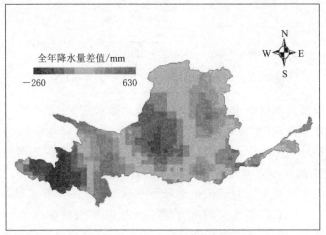

(a)CSIRO_A1B模拟序列(2016—2045年)相较基准期观测序列(1961—2012年)

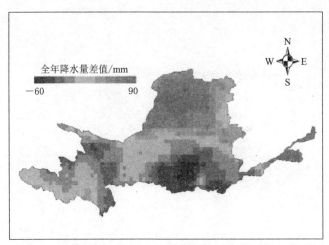

(b)MPI_A1B模拟序列(2016—2045年)相较基准期观测序列(1961—2012年)

图 4.27（一） 气候模式预估的黄河流域未来情景网格多年平均降水量较基准期的变化

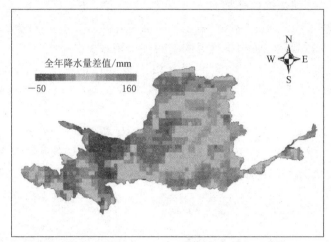

(c)PRECIS_A1B模拟序列(2016—2045年)相较基准期观测序列(1961—2012年)

图 4.27 (二)　气候模式预估的黄河流域未来情景网格多年平均降水量较基准期的变化

示，不同气候模式所反映未来时期黄河流域年降水量变化的幅度和空间分布差别很大。具体来说，CSIRO＿A1B 模拟的未来时期年降水量较基准期变化剧烈，相当一部分网格年降水量的变化在 100mm 以上，极少数网格年降水量增加或减少超过 200mm，其中，黄河流域最西端和中部偏西北等区域的年降水量显著减少，而流域中、西部衔接地带和中东部地区的年降水量将有不同程度的增加。MPI＿A1B 预估未来时期年降水量较基准期的变幅为－60～90mm，相应年降水量减少的区域主要分布在黄河流域东南部及西北部分地区，而流域

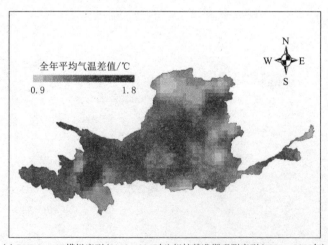

(a)CSIRO_A1B模拟序列(2016—2045年)相较基准期观测序列(1961—2012年)

图 4.28 (一)　气候模式预估的黄河流域未来情景网格多年平均气温较基准期的变化

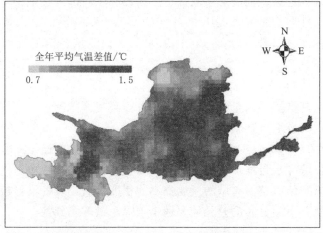

(b)MPI_A1B模拟序列(2016—2045年)相较基准期观测序列(1961—2012年)

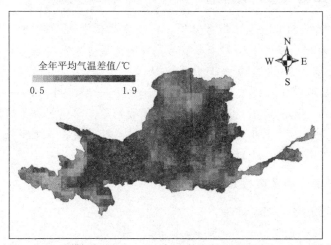

(c)PRECIS_A1B模拟序列(2016—2045年)相较基准期观测序列(1961—2012年)

图 4.28（二） 气候模式预估的黄河流域未来情景网格多年平均气温较基准期的变化

中北部广大地区的年降水量都将有所增加。PRECIS_A1B 预估黄河流域西北部以及西部、北部部分地区，未来时期的年降水量将会较基准期有所减少，少数网格年降水量减少超过 40mm，而流域中东部（特别是东南部）未来时期的年降水量将会较基准期明显增加，绝大多数网格年降水量增加都不超过 100mm。另外，各气候模式预估的黄河流域未来情景网格年平均气温都将较基准期不同程度升高；然而，不同气候模式模拟未来时期年平均气温变化的幅度和空间分布等差异却要明显小于对年降水量的模拟结果。例如，CSIRO_A1B 预估未来年平均气温升高较多的区域主要包括黄河流域中西部及东北少部分地区，其中最大升温较基准期可达 1.8℃；MPI_A1B 预估未来时期气温明显升高的地区包括黄河流域中东部、东南部和中西部衔接地带，相应网格年平均气温较基准期最多升高约 1.5℃；PRECIS_A1B 预估未来黄河流域中西部和中东部地区气温升高显著（可达 1.9℃），而流域最西端气温升高幅度相对较小。总体来看，MPI 模式预估黄河流域未来情景气温升高的程度低于 CSIRO 和 PRECIS 模式。

以上针对基准期和未来气候变化情景下，黄河流域降水量和气温变化的分析表明：相比基准期（1961—2012 年）观测资料，各气候模式 A1B 排放情景预估未来时期（2016—2045 年）黄河流域的降水量总体上有所增加，但不同气候模式所反映降水量增加或减少的程度和空间分布差别很大；同样，所有气候模式模拟未来情景黄河流域的气温都不同程度升高，且各气候模式预估的气温升高幅度及其空间分布的差异性要远小于降水量的差异性。

4.6.2　干旱事件多特征属性

根据计算的 SPDI‐JDI 指数结果，可由多阈值游程分析方法提取所有网格的干旱历时和干旱烈度序列。本节首先采用指数分布和伽玛分布分别作为干旱历时和干旱烈度的边缘概率分布，从单变量角度分析黄河流域基准期（1961—2012 年）和各模式模拟未来情景（2016—2045 年）的网格干旱特征（历时和烈度）；然后应用 Clayton Copula 函数构建干旱历时和干旱烈度的两变量联合概率分布，并据此对比分析黄河流域基准期和模拟未来情景下，干旱的多变量属性及其时空变化特征。

4.6.2.1　干旱多变量模拟方法

干旱历时指数分布函数为

$$F_D(d) = 1 - e^{-\frac{d-\mu}{\lambda}} \tag{4.8}$$

式中：D 为干旱历时；μ 和 λ 分别为指数分布的位置参数和尺度参数。

干旱烈度伽玛分布函数为

$$F_S(s) = \int_0^s \frac{1}{\beta^\alpha \Gamma(\alpha)} s^{\alpha-1} e^{-\frac{s}{\beta}} ds \tag{4.9}$$

式中：s 为干旱烈度；Γ 为伽玛函数；α 和 β 分别为伽玛分布的形状参数和尺度参数。

干旱历时和烈度 Clayton Copula 联合分布函数为

$$C(u_1, u_2; \theta) = \max\left[(u_1^{-\theta} + u_2^{-\theta} - 1)^{-\frac{1}{\theta}}, 0 \right] \tag{4.10}$$

$$u_1 = F_D(d)$$

$$u_2 = F_S(s)$$

式中：C 为 Clayton Copula 分布函数；u_1 和 u_2 分别为干旱历时 D 和烈度 S 的

边缘概率分布；θ 为 Clayton Copula 函数的参数（$\theta \geq -1$ 且 $\theta \neq 0$）。

上述干旱历时指数分布、干旱烈度伽玛分布、干旱历时和烈度 Clayton Copula 联合分布的参数均可通过极大似然方法进行估计。同时，根据 Kolmogorov‑Smirnov（K‑S）检验方法，验证指数分布、伽玛分布和 Clayton Copula 函数对干旱历时、烈度及二者联合概率特性的拟合优度[198,199]。

根据建立的单变量概率分布，可进一步计算干旱历时和烈度的单变量重现期：

$$T_D = \frac{E(L)}{1 - F_D(d)} \tag{4.11}$$

$$T_S = \frac{E(L)}{1 - F_S(s)} \tag{4.12}$$

式中：$E(L)$ 为干旱间隔时间期望值，其值等于干旱历时与非干旱历时的期望值之和（下同）。

应用 Clayton Copula 函数，则有干旱历时 D 和烈度 S 的联合概率分布为

$$F_{D,S}(d,s) = P(D \leq d, S \leq s) = C(F_D(d), F_S(s)) \tag{4.13}$$

相应联合超越概率计算公式为

$$P(D \geq d, S \geq s) = 1 - F_D(d) - F_S(s) + C(F_D(d), F_S(s)) \tag{4.14}$$

联合重现期计算公式为

$$T_{DS}^{\vee} = \frac{E(L)}{P(D \geq d \cup S \geq s)} = \frac{E(L)}{1 - C(F_D(d), F_S(s))} \tag{4.15}$$

同现重现期计算公式为

$$T_{DS}^{\wedge} = \frac{E(L)}{P(D \geq d \cap S \geq s)} = \frac{E(L)}{1 - F_D(d) - F_S(s) + C(F_D(d), F_S(s))} \tag{4.16}$$

式中：C 代表 Clayton Copula 函数。

4.6.2.2 干旱多变量拟合优度

在黄河流域基准期（1961—2012 年）和各模式模拟未来情景（2016—2045 年）下，相应 1500 个网格干旱历时指数分布和干旱烈度伽玛分布的 K‑S 拟合度检验统计结果见表 4.6 和表 4.7。由表可知，指数分布能够用于描述绝大多数网格基准期和未来情景干旱历时的边缘概率分布，仅有少数网格的干旱历时指数分布未能通过 K‑S 拟合度检验，相应检验通过率在 96.5% 以上；同样，伽玛分布对绝大多数网格基准期和未来情景干旱烈度的边缘概率分布具有很好的拟合能力，干旱烈度伽玛分布未能通过 K‑S 拟合度检验的网格数也较少，相应检验通过率在 96.7% 以上。上述结果表明，采用指数分布和伽玛分布分别作为干旱历时和干旱烈度的理论概率分布，具有较高的可靠度，且两种概率分布模型具有普遍适用性，能够满足实际概率统计分析的需求。在黄河

流域 1500 个网格基准期和模拟未来情景下，干旱历时和烈度 Clayton Copula 两变量联合分布的 K－S 拟合度检验结果见表 4.8，其中干旱历时和烈度的边缘概率分布分别为指数分布和伽玛分布。可以看出，Clayton Copula 函数对基准期和未来情景网格干旱历时和烈度的联合概率分布特性具有极好的代表性与拟合能力，仅有极个别网格的干旱历时和烈度 Clayton Copula 两变量联合分布未能通过 K－S 拟合度检验，其检验通过率高达 99.9％以上。因此，采用 2 维 Clayton Copula 函数构建干旱历时和干旱烈度的两变量联合概率分布模型，并据此分析黄河流域基准期和模拟未来情景网格干旱的多变量特征，也是合理可行的。

表 4.6　　　　基准期和气候模式模拟未来情景干旱历时指数
分布 K－S 拟合度检验

气候情景	未通过 K－S 检验网格数	总网格数	K－S 检验通过率/%
基准期	32	1500	97.9
CSIRO _ A1B	41	1500	97.3
MPI _ A1B	33	1500	97.8
PRECIS _ A1B	52	1500	96.5

表 4.7　　　　基准期和气候模式模拟未来情景干旱烈度伽玛
分布 K－S 拟合度检验

气候情景	未通过 K－S 检验网格数	总网格数	K－S 检验通过率/%
基准期	50	1500	96.7
CSIRO _ A1B	30	1500	98.0
MPI _ A1B	22	1500	98.5
PRECIS _ A1B	14	1500	99.1

表 4.8　　　　基准期和气候模式模拟未来情景干旱历时和烈度
Clayton Copula 联合分布 K－S 拟合度检验

气候情景	未通过 K－S 检验网格数	总网格数	K－S 检验通过率/%
基准期	1	1500	99.9
CSIRO _ A1B	0	1500	100.0
MPI _ A1B	0	1500	100.0
PRECIS _ A1B	2	1500	99.9

4.6.2.3 单变量频率分析结果

在式（4.11）求得的不同单变量重现期（$T=5$、10、20、50 和 100 年）条件下，黄河流域 1500 个网格基准期（1961—2012 年）和 CSIRO_A1B、MPI_A1B、PRECIS_A1B 模式模拟未来情景（2016—2045 年）的干旱历时计算结果见图 4.29。图中结果显示：相比基准期，根据各气候模式预估数据计算的未来情景网格干旱历时总体上有所减小，且 3 种气候模式模拟结果所对应黄河流域未来情景的网格干旱历时大体相当；然而，根据各气候模式预估的未来情景网格干旱历时的空间变率较基准期有所增大，尤其是极大离群值的数量显著增加。在单变量重现期 $T=20$ 年条件下，黄河流域基准期（1961—2012 年）和各模式模拟未来情景（2016—2045 年）网格干旱历时的空间变化情况见图 4.30。图中结果显示：基准期内，网格平均干旱历时在 24 个月以上的区域在空间上连成一片且面积很大，占黄河流域总面积的一半以上，主要包括流域东部、中西部、以及西部部分地区，其中有小片区域的网格平均干旱历时超过 28 个月；其他流域面积上（如西北部、西部及东南部部分地区）的网格平均干旱历时都在 20～24 个月之间。另外，根据 CSIRO_A1B、MPI_A1B、PRECIS_A1B 模式预估数据计算的黄河流域未来气候情景网格平均干旱历时较基准期存在明显变化：①未来气候情景网格平均干旱历时相对较大（如 24 个月以上）的区域面积显著减小且在空间上分布较为分散，主要存在于流域东北部和中西部等部分地区；②3 种气候模式模拟结果均指示流域南部偏西区域（渭河中上游）未来情景的网格平均干旱历时有成片增大的趋势，相当

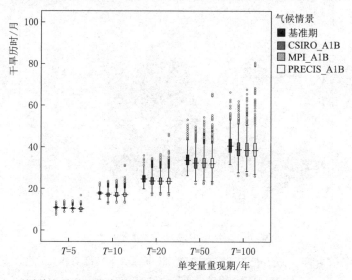

图 4.29 不同单变量重现期条件下基准期和气候模式模拟未来情景的网格干旱历时

一部分区域的干旱历时将超过 28 个月，部分面积上的干旱历时甚至超过 32 个月；③各气候模式预估未来情景下，其他广大流域面积上的网格平均干旱历时都介于 20～24 个月之间，其中流域西部、西北部和东南部等部分区域的网格平均干旱历时在 20 个月以下。以上结果表明：模拟未来气候变化情景下，黄河流域特定单变量重现期对应的网格干旱历时总体上较基准期有所减小，干旱程度略有降低；但同时，未来情景网格干旱历时的空间差异及其变化也显著增强，可能出现更长历时的极端干旱事件。

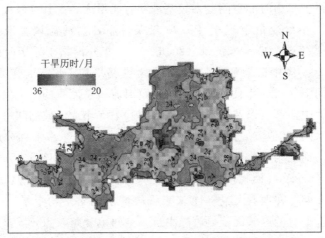

(a) 基准期 (1961—2012 年) 单变量重现期　$T=20$ 年

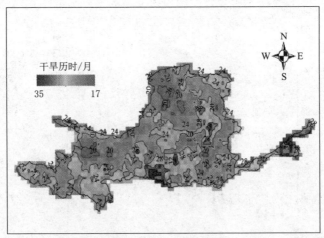

(b) CSIRO (2016—2045 年) 单变量重现期　$T=20$ 年

图 4.30（一）　单变量重现期 $T=20$ 年条件下基准期和气候模式
模拟未来情景干旱历时的空间分布

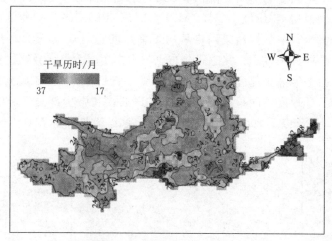

(c) MPI (2016—2045年) 单变量重现期　T=20年

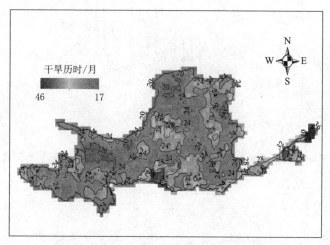

(d) PRECIS (2016—2045年) 单变量重现期　T=20年

图 4.30（二）　单变量重现期 T=20 年条件下基准期和气候模式
模拟未来情景干旱历时的空间分布

　　类似地，在不同单变量重现期（T=5、10、20、50 和 100 年）条件下，黄河流域基准期和模式模拟未来情景网格干旱烈度的计算结果见图 4.31。可以看到，由气候模式预估数据计算的未来情景网格干旱烈度总体上较基准期有所降低，CSIRO_A1B、MPI_A1B 和 PRECIS_A1B 模式对应的黄河流域未来情景网格干旱烈度也基本接近；同样，各气候模式预估未来情景网格干旱烈度极大离群值的数量较基准期有所增加，即未来网格干旱烈度的空间变率可能会增大。在单变量重现期 T=20 年条件下，黄河流域基准期及各模式模拟未来情景网格干旱烈度的空间变化和干旱历时的结果非常类似（见图 4.32）。同样可以看到：根据 CSIRO_A1B、MPI_A1B、PRECIS_A1B 模式预估数据计算的黄河流域未来气候情景网格平均干旱烈度相对较大（如大于 20）的区域面积较基准期显著减小，其空间分布也与干旱历时大体一致，主要包括流域东北部和中西部等部分地区；各气候模式预估未来情景黄河流域大部分面积上的网格平均干旱烈度不同程度降低（如小于 20，其中少部分区域的网格平均干旱烈度在 16 及以下）的同时，也一致反映出未来情景流域南部偏西区域

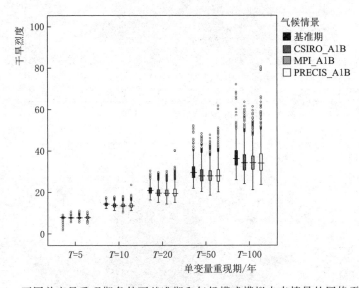

图 4.31　不同单变量重现期条件下基准期和气候模式模拟未来情景的网格干旱烈度

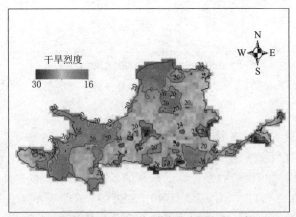

(a)基准期(1961—2012年)单变量重现期 $T=20$ 年

图 4.32（一）　单变量重现期 $T=20$ 年条件下基准期和气候模式模拟
未来情景干旱烈度的空间分布

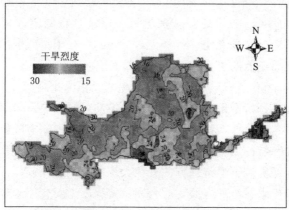

(b) CSIRO(2016—2045年)单变量重现期　$T=20$年

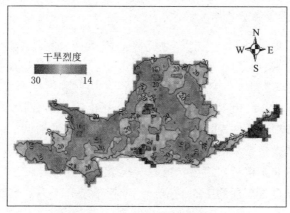

(c) MPI(2016—2045年)单变量重现期　$T=20$年

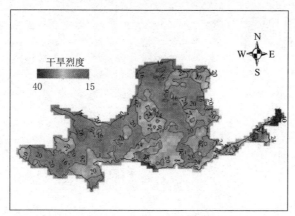

(d) PRECIS(2016—2045年)单变量重现期　$T=20$年

图 4.32（二）　单变量重现期 $T=20$ 年条件下基准期和气候模式模拟
未来情景干旱烈度的空间分布

（渭河中上游）的网格平均干旱烈度可能会成片增强，其中相当一部分面积上的干旱烈度将超过 24。换言之，黄河流域未来情景特定单变量重现期对应的网格干旱烈度总体上较基准期有所降低，但相应网格干旱烈度的空间变化及差异性增大，可能导致烈度更大的极端干旱事件。

以上针对基准期（1961—2012 年）和模式模拟未来情景（2016—2045 年）干旱特征的单变量分析结果表明：①相比基准期，黄河流域未来气候情景网格干旱历时和干旱烈度总体上都将有所减小，即干旱程度略有降低；②未来情景干旱历时、烈度等特征变量在空间上（不同网格之间）的变率和差异性将会增大，容易形成局部极端干旱事件。前者很大程度上同各气候模式预估的黄河流域未来气候情景降水量增加有关，后者则一定程度上契合了未来降水、气温等气候因子时空不规则变化加剧（如极端值增加）的预期[200,201]。

4.6.2.4　两变量频率分析结果

在不同单变量重现期（$T=5$、10、20、50 和 100 年）条件下，黄河流域 1500 个网格基准期（1961—2012 年）和 CSIRO_A1B、MPI_A1B、PRECIS_A1B 模式模拟未来情景（2016—2045 年）干旱历时和烈度两变量联合重现期的计算结果见图 4.33。可以看到，根据各气候模式预估数据计算的未来情景网格干旱历时和烈度的两变量联合重现期总体上较基准期变化（减小）很小，且 3 种气候模式模拟结果所对应黄河流域未来情景的网格干旱历时和烈度的两变量联合重现期非常接近。不过，由各气候模式预估的未来情景网格干旱历时和烈度两变量联合重现期的空间变率较基准期也略有增大，包括极大离群值数

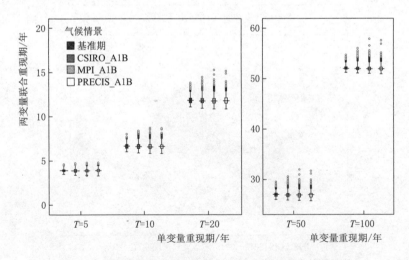

图 4.33　不同单变量重现期条件下基准期和未来情景网格
干旱历时与烈度的两变量联合重现期

量的增加。在单变量重现期 $T = 20$ 年条件下，基准期和 CSIRO_A1B、MPI_
A1B、PRECIS_A1B 模拟未来情景黄河流域网格干旱历时和烈度两变量联合重
现期的空间对比情况见图 4.34。从图中结果可以看到：①基准期内，黄河流域
大部分面积上网格平均干旱历时和烈度的联合重现期都不足 12 年；②模式预
估的未来气候情景网格平均干旱历时和烈度联合重现期相对较小（如小于 12
年）的区域较基准期进一步扩大，将占据黄河流域的绝大部分面积。因此，从
干旱历时和烈度的联合重现期来看，模拟气候变化情景下黄河流域未来的干旱
风险总体上将略有增加，特别是对于流域内呈东北—西南走向且干旱重现期较
基准期减小的区域面积。

相应地，在不同单变量重现期（$T = 5$、10、20、50 和 100 年）条件下，
黄河流域基准期和模式模拟未来情景网格干旱历时和烈度两变量同现重现期的
计算结果见图 4.35。从图中可以看出，由各气候模式预估数据计算的未来情

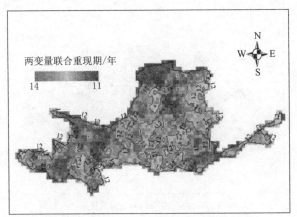

(a) 基准期（1961—2012年）单变量重现期 $T = 20$ 年

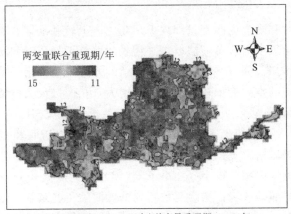

(b) CSIRO（2016—2045年）单变量重现期 $T = 20$ 年

图 4.34（一）　单变量重现期 $T = 20$ 年条件下干旱历时和烈度两变量联合重现期的空间分布

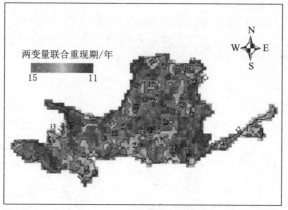

(c) MPI（2016—2045年）单变量重现期　$T=20$ 年

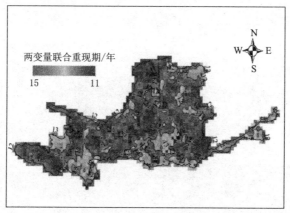

(d) PRECIS（2016—2045年）单变量重现期　$T=20$ 年

图 4.34（二）　单变量重现期 $T=20$ 年条件下干旱历时和烈度两变量联合重现期的空间分布

景网格干旱历时和烈度的两变量同现重现期总体上较基准期有所增大，且 3 种气候模式模拟结果所对应黄河流域未来情景的网格干旱历时和烈度的两变量同现重现期大体相当。同时，各气候模式预估的未来情景网格干旱历时和烈度两变量同现重现期的空间变率较基准期明显增大，相应极大离群值的数量也有所增加。在单变量重现期 $T=20$ 年条件下，基准期和 CSIRO_A1B、MPI_A1B、PRECIS_A1B 模拟未来情景黄河流域网格干旱历时和烈度两变量同现重现期的空间对比情况见图 4.36。与联合重现期相反，基准期内网格干旱历时和烈度同现重现期相对较小（如小于 60 年）的地区大体分布在黄河流域东北—西南走向的部分区域；从两变量同现重现期的角度来看，相应面积上的干旱风险也相对较高。对于 3 种模式模拟未来气候情景，黄河流域网格干旱历时和烈度同现重现期相对较小（如小于 60 年）的区域面积有所减小且在空间上分布更为分散；同时能够明显看到，未来情景网格干旱历时和烈度同现重现期的变化范围更大，其在空间上的变率及差异性将显著增强。

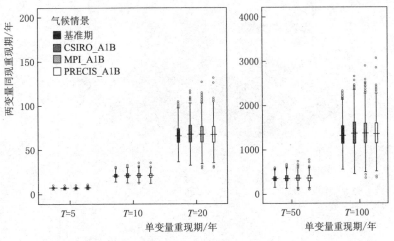

图 4.35　不同单变量重现期条件下基准期和未来情景网格干旱历时与
烈度的两变量同现重现期

与单变量分析结果相类似，上述针对基准期（1961—2012 年）和模式模拟未来情景（2016—2045 年）的干旱特征两变量分析结果进一步表明：①与基准期相比，黄河流域未来气候情景网格干旱历时和烈度的两变量联合重现期总体上略有减小，而两变量同现重现期两极分化更为显著，即部分地区特定干旱的遭遇概率可能不同程度增大；②未来情景网格干旱历时和烈度两变量联合/同现重现期的空间变率及差异性将会增强，特别是对于干旱历时和烈度同

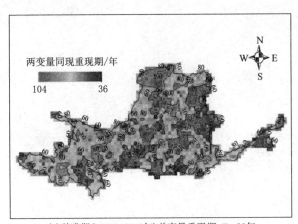

(a)基准期(1961—2012年)单变量重现期　T=20年

图 4.36（一）　单变量重现期 T=20 年条件下干旱历时和烈度两变量同现重现期的空间分布

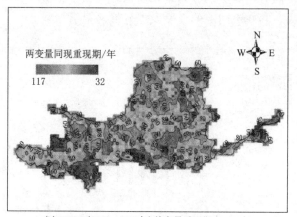

(b)CSIRO(2016—2045年)单变量重现期　$T=20$年

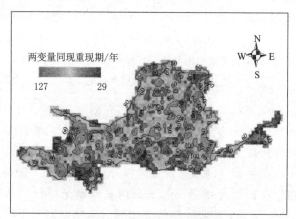

(c)MPI(2016—2045年)单变量重现期　$T=20$年

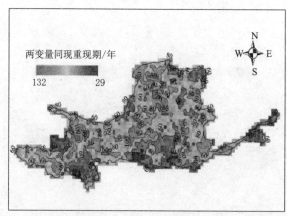

(d)PRECIS(2016—2045年)单变量重现期　$T=20$年

图 4.36（二）　单变量重现期 $T=20$ 年条件下干旱历时和烈度两变量同现重现期的空间分布

现重现期较基准期减小的情形，相应干旱事件发生的风险也将增大。这些结果同气候模式模拟预估的黄河流域未来情景降水量和气温等气候条件的极端变化有很大关系。

4.7 本章小结

本章详细介绍了分布式水文模拟和帕尔默旱度指标联结应用的框架与过程。以黄河流域作为研究对象，首先对比了基于 VIC 水文模拟的 PDSI、SPDI 和 SPDI－JDI 等指数，并通过多种指数比较、《旱涝图集》和《历史干旱》文献记录等手段检验了 SPDI 和 SPDI－JDI 指数的可靠性；然后，以多种传统帕尔默指数综合运用为基准，定量评估了 SPDI－JDI 对黄河流域网格尺度干旱的监测能力；最后，采用 SPDI－JDI 指数分析了黄河流域网格尺度历史干旱的时空变化特征，并将经过处理的气候模式模拟气象数据输入 VIC 水文模型，通过计算的 SPDI－JDI 指数预估黄河流域未来气候变化情景的干旱情势。主要有以下结果与结论。

（1）基于 VIC 水文模拟的 SPDI 较 PDSI 具有更稳定的统计特性，其所反映旱涝频率的时空匹配程度更高、可比性更强；SPDI－JDI 能够有效融合多时间尺度边缘 SPDI 的联合概率特性，在反映干旱初现、发展和持续等方面具有优势。

（2）基于 VIC 水文模拟的 SPDI 和 SPDI－JDI 指数总体上具有较好的可靠性与合理性，其与各类干旱指数结果大体一致、相关性较高，所反映的历史旱涝状况与《旱涝图集》和《历史干旱》中相关旱情记录与统计数据基本吻合。

（3）相比多种传统帕尔默指数的综合运用结果，基于 VIC 水文模拟的 SP-DI－JDI 指数用于模拟黄河流域干旱监测时表现突出，其捕获网格干旱的平均命中率和成功率分别可达 80％和 70％，具有单一指数反映干旱不同侧面影响的潜力。

（4）基于 VIC 水文模拟的 SPDI－JDI 指数有效揭示了黄河流域历史干旱的时空变化特征。具体来说，黄河流域绝大多数地区的干旱发生频率很高，平均接近每两年 1 次至每年 1 次，流域内网格干旱的总历时很长，有将近一半时间都处于干旱状态。流域内绝大多数网格的平均干旱历时为 6～12 个月，平均干旱烈度为 5～9，最大干旱历时和最大干旱烈度的变化范围很大，空间差异明显。流域内网格干旱历时和干旱烈度的空间分布比较类似，且它们都没有显著的增大或减小趋势。然而，SPDI－JDI 指数揭示的黄河流域各季节旱涝变化明显，冬季和春季的旱情相对较重；更重要的，M－K 检验显示流域内各季节的 SPDI－JDI 指数都呈现不同程度的下降趋势（干旱程度增强），其中春季和全年时段 SPDI - JDI 指数值呈显著下降趋势的面积很大。

（5）气候模式预估的黄河流域未来情景降水量总体上较基准期有所增加，但不同模式反映降水量增加或减少的程度及其空间分布差别很大；所有气候模式模拟的黄河流域未来情景气温都不同程度升高，且各模式预估气温变化的空间差异性要远小于降水量。相比基准期，黄河流域未来气候情景干旱历时和干旱烈度总体上都将有所减小，干旱程度略有降低；但同时，干旱历时和烈度的变化范围增大、空间差异性增强，可能导致更为极端的干旱事件。从两变量角度来看，黄河流域部分地区未来情景不同历时和烈度组合情况的干旱事件遭遇概率较基准期可能增大，同时干旱历时和烈度及其两变量重现期空间变异性增强，也将加剧黄河流域未来情景的干旱风险。

第5章 研究结论与展望

5.1 研究结论

当前世界各地干旱频发，准确、有效地开展干旱监测与综合评估对于主动应对干旱和缓解旱灾影响具有重要价值。本书首先选取位于全球不同气候区的12个WMO标准气象站作为研究对象，从传统帕尔默旱度指标出发，运用标准化干旱指数（SI）的原理和方法改进PDSI的标准化过程，构建了两类通用干旱指数：标准化帕尔默干旱指数SPDI和帕尔默联合水分亏缺指数SPDI - JDI，它们可以作为帕尔默干旱指标体系的新成员。然后，选择我国北方易旱的黄河流域作为研究区域，运用物理机制较强的VIC模型作为帕尔默旱度指标的水文分析模块，构建了基于网格的SPDI和SPDI - JDI指数，据此分析了黄河流域网格尺度历史干旱的时空变化特征，并将经过处理的气候模式模拟气象数据输入VIC水文模型，通过计算的SPDI - JDI指数对黄河流域未来气候变化情景下的干旱情势进行了预估。主要研究结论如下。

（1）基于Thornthwaite方法的标准化降水蒸散指数（SPEI）的水量偏差（降水量减去可能蒸散量）对气温的依赖性很强，且在全球不同气候条件和地区对降水和气温变化的响应差别较大，其结果具有明显的区域适用性局限，一定程度上会削弱SPEI指数的空间一致性与可比性。PDSI采用的土壤水平衡具有一定物理机制，其定义的水分偏离（实际降水量减去气候适宜降水量）能够协调、统一不同气候区降水和气温变化可能对当地水分异常状况带来的影响作用，时空一致性和可比性较好。基于帕尔默水分偏离概率统计特性构建的SPDI指数，既能保留SPI/SPEI计算简便和多时间尺度分析等优点，也能充分考虑PDSI水分供需状况决定干旱情势的物理机制，适合于不同目标的干旱监测与评估。此外，SPDI能够有效捕捉气温升高和降水减少等气候条件变化的干旱响应。

（2）在反映全球12个代表性气象站的历史干旱时，SPDI指数较PDSI具有更稳定的统计特性和更优的时空一致性与可比性，能够更好地反映不同等级旱涝发生的频率。经降维处理的5维Gaussian和Student t Copulas函数能够很好地反映24维经验Copula联合分布的结果，但Student t Copula计算复杂、耗时长。由 5 维 Gaussian Copula 和 24 维经验 Copula 计算的 SPDI－JDI 结果很接近且高度相关，二者对旱涝时段的反映非常一致；然而对于较小的联合概率值，经验 Copula 的计算结果存在截断误差问题，不能有效指示和度量重度干旱。基于 5 维 Gaussian Copula 的 SPDI－JDI 指数能够融合不同时间尺度 SPDI 边缘分布的相关性结构、联合概率特性和多时间尺度干旱信息，综合反映水分的总体亏缺或盈余状态，在捕捉干旱初现和持续性方面具有明显优势。SPDI－JDI 和传统帕尔默指数的结果比较一致且具有较强的相关性；用于模拟全球代表站点干旱监测时，相对于 PDSI、PMDI、PHDI 和 ZIND 的综合运用及 USDM 监测结果，SPDI－JDI 均表现较好、结果精度较高。

（3）基于 VIC 水文模拟的 SPDI 也较 PDSI 具有更稳定的统计特性，其所反映旱涝频率的时空匹配程度更高、可比性更强；SPDI－JDI 能够有效融合多时间尺度边缘 SPDI 的联合概率特性，在反映干旱初现、发展和持续等方面具有优势。基于网格的 SPDI 和 SPDI－JDI 指数总体上具有较好的可靠性与合理性，其与各类干旱指数结果大体一致、相关性较高，所反映的历史旱涝状况与《旱涝图集》和《历史干旱》等相关旱情记录与统计数据基本吻合。相比多种传统帕尔默指数的综合运用结果，SPDI－JDI 指数用于模拟黄河流域干旱监测时表现突出，其捕获网格干旱的平均命中率和成功率分别可达 80% 和 70%，具有单一指数反映干旱不同侧面影响的潜力。SPDI－JDI 指数所揭示黄河流域网格尺度的历史干旱特性包括：较高的干旱发生频率和较长的干旱总历时。干旱历时和烈度的统计特征（平均值和最大值）空间差异较大，但没有显著的增大或减小趋势；各季节旱涝变化明显，冬季和春季干旱相对较重，且各季节和全年时段的干旱呈不同程度加重的趋势。气候模式预估的黄河流域未来情景降水量总体上较基准期有所增加，但不同模式反映降水量增加或减少的程度及空间分布差别很大；所有气候模式模拟的黄河流域未来情景气温都不同程度升高。气候模式预估的黄河流域未来情景网格干旱历时和烈度总体上较基准期都有所减小，干旱程度略有降低；但同时，干旱历时和烈度的变化范围增大、空间差异性增强，可能导致更为极端的干旱事件。从两变量角度来看，部分地区未来情景不同历时和烈度组合情况的干旱事件遭遇概率较基准期可能增大，同时干旱历时和烈度及其两变量重现期的空间变异性增强，也将加剧黄河流域未来情景的干旱风险。

5.2　问题与展望

本书在多变量标准化干旱指数构建、多时间尺度信息融合、干旱综合监测与评估等方面进行了系统研究，获得了一系列比较有意义的结果。但在以下几个方面仍需要进一步研究与提高。

（1）可能蒸散发量的计算。基于站点的 SPDI 指数仍然沿用了 PDSI 气候适宜降水量的推求方法，即采用 Thornthwaite 经验公式计算逐月的可能蒸散发量 PET，其主要以月平均气温为依据。基于 VIC 模型的网格 SPDI 指数则根据嵌套的 Hargreaves–Samani 经验公式计算逐日可能蒸散发量 PET，其主要输入为日平均、最高和最低气温。上述两种 PET 计算方法相对简单，需要输入的因子和观测气象要素较少，便于使用。但在具有系统观测和资料允许的条件下，FAO Penman–Monteith 公式可能是计算逐日 PET 更为理想的模型。该方法需要的气象资料比较多，计算公式也比较复杂；但它能考虑除气温之外，相对湿度、水汽压、太阳辐射、日照时数、风速、土壤热通量等众多气象因子和地表植被等因素对 PET 的影响，计算结果更为准确。

（2）高维 Copula 的拟合优度检验。本书优选 5 维 Gaussian Copula 作为多元联合分布函数，构建了基于站点和网格的 SPDI–JDI 指数。针对单变量的 K–S 拟合度检验，能够较好地保证运用 GEV 分布作为不同时间尺度帕尔默水分偏离累积序列边缘分布的可靠性。然而在此基础上，根据 Gaussian Copula 所建立的 5 维联合分布却并未经过严格的拟合优度检验，其主要原因是类似于 K–S 等的拟合度检验方法仅适用于 3 维及以下的 Copula 函数，而对于高维（3 维以上）Copula 函数的应用，特别是拟合度检验等问题，目前都还是研究中的难点与空白。对于上述情况，本书仅通过直观比较保证 Copula 理论联合概率接近于相应多元经验概率，导致所构建的 SPDI–JDI 指数在数学上还缺乏一定的严密性，这是未来需要设法弥补的一个问题。

（3）水文模拟的不确定性问题。根据水文模型进行流域水文过程模拟时将不可避免地存在模型输入、模型参数和模型结构等方面的不确定性问题。作为本书的主要研究区域之一，黄河流域气象、水文和地理等自然条件极为复杂，且受人类活动影响非常剧烈。大量研究表明各类水文模型在该地区的应用效果都不是很理想，因而本研究中 VIC 模型分布式水文模拟的不确定性（特别是参数率定过程的不确定性）也必然较大，需要进一步予以考虑和量化分析。在采用气候模式模拟气象数据作为 VIC 模型的输入，预估黄河流域未来气候变化情景下的干旱特征时，也并未考虑相应模型输入的不确定性，而气候模式数据本身的不确定性显而易见，例如不同模式对黄河流域未来情景降水和气温的预估结果就存在显著差别。

（4）气候模式数据来源的局限。近年来，世界气候研究计划组织的耦合模式比较计划第 5 阶段（CMIP5）中各种全球气候模式相应不同典型聚集路径（RCP）的气象模拟数据已被广泛用于世界各地的气候变化研究。其中，RCP是包含碳排放与聚集以及地表覆被变化等在内的更全面的未来气候模拟驱动场景。为简便起见，本书在对黄河流域未来干旱情景进行预估时，仍然采用了 IPCC 第四次评估报告（AR4）的温室气体排放情景（SRES A1B）。今后可以考虑采用最新的气候模式模拟数据，通过本书中的研究方法对黄河流域未来气候情景下的干旱预估结果予以更新。

参 考 文 献

[1] Webster, K. E. , Kratz, T. K. , Bowser, C. J. , et al. The influence of landscape position on lake chemical responses to drought in northern Wisconsin [J]. Limnology and Oceanography, 1996, 41 (5): 977 - 984.

[2] Kogan, N. F. Global drought watch from space [J]. Bulletin of the American Meteorological Society, 1997, 78: 621 - 636.

[3] 赵春明，刘雅鸣，张金良，等 . 20 世纪中国水旱灾害警示录 [M]. 郑州：黄河水利出版社，2002.

[4] 成福云 . 以保障民生为目标大力加强抗旱减灾工作 [J]. 中国水利，2009 (9)：12 - 13.

[5] Bravar, L. , Kavvas, M. L. On the physics of droughts. I. A conceptual framework [J]. Journal of Hydrology, 1991, 129 (1): 281 - 297.

[6] Linsely, R. K. , Kohler, M. A. , Paulhus, J. L. H. Applied hydrology [M]. New York: McGraw Hill 1959.

[7] WMO. Drought and agriculture [R]. Technical Note No. 138, Report of the CAgM Working Group on Assessment of Drought, WMO. Geneva, Switzerland, 1975.

[8] Schneider, S. H. Encyclopaedia of climate and weather [M]. New York: Oxford University Press, 1996.

[9] Palmer, W. C. Meteorological drought [R]. Research Paper No. 45. US Weather Bureau, Washington, DC, 1965.

[10] FAO. Guidelines: Land evaluation for Rainfed Agriculture [R]. FAO Soils Bulletin 52. Rome, Italy, 1983.

[11] UNSG. United nations convention to combat drought and desertification in countries experiencing serious droughts and/or desertification, particularly in africa [R]. Paris, France, 1994.

[12] 孙荣强 . 干旱定义及其指标评述 [J]. 灾害学，1994 (1)：17 - 21.

[13] 李克让，郭其蕴，张家城 . 中国干旱灾害研究及减灾对策 [M]. 郑州：河南科学技术出版社，1999.

[14] Heim, R. R. A review of twentieth - century drought indices used in the United States [J]. Bulletin of the American Meteorological Society, 2002, 83 (8): 1149 - 1165.

[15] 小麦干旱灾害等级（QX/T 81—2007）[S]. 北京：中国气象局，2007.

[16] Yevjevich, V. An objective approach to definitions and investigations of continental hydrologic drought [R]. Hydrology Paper No. 23. Colorado State University, Fort

Collins, Colorado, USA, 1967.

[17] Wilhite, D. A. , Glantz, M. H. Understanding the drought phenomenon: The role of definitions [J]. Water International, 1985, 10 (3): 111 - 120.

[18] Mishra, A. K. , Singh, V. P. , Desai, V. R. Drought characterization: A probabilistic approach [J]. Stochastic Environmental Research and Risk Assessment, 2009, 23 (1): 41 - 55.

[19] 张俊, 陈桂亚, 杨文发. 国内外干旱研究进展综述 [J]. 人民长江, 2011 (10): 65 - 69.

[20] Santos, M. A. Regional droughts: A stochastic characterization [J]. Journal of Hydrology, 1983, 66: 183 - 211.

[21] Chang, T. J. Investigation of precipitation droughts by use of kriging method [J]. Journal of Irrigation and Drainage Engineering, 2014, 117 (6): 935 - 943.

[22] 王劲松, 李耀辉, 王润元, 等. 我国气象干旱研究进展评述 [J]. 干旱气象, 2012 (4): 497 - 508.

[23] 段旭, 陶云, 郑建萌, 等. 气象干旱时空表达方式的探讨 [J]. 高原气象, 2012 (5): 1332 - 1339.

[24] Sen, Z. Statistical analysis of hydrologic critical droughts [J]. Journal of the Hydraulics Division, 1980, 106 (1): 99 - 115.

[25] 王维第. 水文干旱研究的进展和展望 [J]. 水文, 1993 (5): 61 - 65.

[26] 邢大韦. 陕西渭河流域水文干旱分析 [J]. 西北水资源与水工程, 1996 (1): 1 - 9.

[27] 王文胜. 河川径流水文干旱分析 [J]. 甘肃农业大学学报, 1999 (2): 184 - 187.

[28] 冯国章. 极限水文干旱历时概率分布的解析与模拟研究 [J]. 地理学报, 1994 (5): 457 - 466.

[29] 顾颖, 咎霞. 农业干旱模拟研究 [J]. 水科学进展, 1993 (4): 253 - 259.

[30] 倪深海, 顾颖, 王会容. 中国农业干旱脆弱性分区研究 [J]. 水科学进展, 2005 (5): 705 - 709.

[31] 山仑. 科学应对农业干旱 [J]. 干旱地区农业研究, 2011 (2): 1 - 5.

[32] 赵海燕, 张强, 高歌, 等. 中国 1951—2007 年农业干旱的特征分析 [J]. 自然灾害学报, 2010 (4): 201 - 206.

[33] AMS. Meteorological drought policy statement [J]. Bulletin of the American Meteorological Society, 1997, 78: 847 - 849.

[34] AMS. Statement on meteorological drought [J]. Bulletin of the American Meteorological Society, 2004, 85: 771 - 773.

[35] 袁文平, 周广胜. 干旱指标的理论分析与研究展望 [J]. 地球科学进展, 2004 (6): 982 - 991.

[36] 周玉良, 袁潇晨, 周平, 等. 基于地下水埋深的区域干旱频率分析研究 [J]. 水利学报, 2012 (9): 1075 - 1083.

[37] Mishra, A. K. , Singh, V. P. A review of drought concepts [J]. Journal of Hydrolo-

gy，2010，391（1-2）：204-216.

[38] Acreman. Technical report to the european union——groundwater and river resources programme on a european scale（GRAPES）［R］. Institute of Hydrology，Wallingford，UK，2000.

[39] Wilhite，D. A. Drought and water crises：Science，technology，and management issues［M］. Boca Raton CRC Press，2005.

[40] 马明卫，宋松柏. 椭圆型copulas函数在西安站干旱特征分析中的应用［J］. 水文，2010（4）：36-42.

[41] 闫宝伟，郭生练，肖义，等. 基于两变量联合分布的干旱特征分析［J］. 干旱区研究，2007（4）：537-542.

[42] 周玉良，刘立，周平，等. 基于帕尔默旱度模式的干旱识别及其特征值频率分析［J］. 农业工程学报，2014（23）：174-184.

[43] 闫桂霞. 综合气象干旱指数及其应用研究［D］. 南京：河海大学，2009.

[44] 闫桂霞，陆桂华，吴志勇，等. 基于pdsi和spi的综合气象干旱指数研究［J］. 水利水电技术，2009（4）：10-13.

[45] 程亮，金菊良，郦建强，等. 干旱频率分析研究进展［J］. 水科学进展，2013（2）：296-302.

[46] 冯国章. 极限水文干旱历时概率分析［J］. 水利学报，1995（6）：37-41.

[47] 马秀峰. 随机序列轮长与轮次的统计规律［J］. 水科学进展，1994（2）：95-103.

[48] 丁晶，袁鹏，杨荣富，等. 中国主要河流干旱特性的统计分析［J］. 地理学报，1997（4）：88-95.

[49] 赵吴静，金菊良，张礼兵. 随机模拟方法在地区干旱频率分析中的应用［J］. 农业系统科学与综合研究，2007（1）：1-4.

[50] 肖义. 基于copula函数的多变量水文分析计算研究［D］. 武汉：武汉大学，2007.

[51] 郭生练，闫宝伟，肖义，等. Copula函数在多变量水文分析计算中的应用及研究进展［J］. 水文，2008（3）：1-7.

[52] 宋松柏，蔡焕杰，金菊良，等. Copulas函数及其在水文中的应用［M］. 北京：科学出版社，2012.

[53] 许月萍，张庆庆，楼章华，等. 基于copula方法的干旱历时和烈度的联合概率分析［J］. 天津大学学报，2010（10）：928-932.

[54] 张雨，宋松柏. Copulas函数在多变量干旱联合分布中的应用［J］. 灌溉排水学报，2010（3）：64-68.

[55] 于艺，宋松柏，马明卫. Archimedean族copulas函数在多变量干旱特征分析中的应用［J］. 水文，2011（2）：6-10.

[56] 陈永勤，孙鹏，张强，等. 基于copula的鄱阳湖流域水文干旱频率分析［J］. 自然灾害学报，2013（1）：75-84.

[57] 李扬，宋松柏. 基于分层阿基米德copulas的干旱特征多变量联合概率分布研究［J］. 水力发电学报，2013（2）：35-42.

[58] 肖名忠，张强，陈永勤，等．基于三变量 copula 函数的东江流域水文干旱频率分析 [J]．自然灾害学报，2013 (2)：99-108.

[59] 佘敦先，夏军，杜鸿，等．黄河流域极端干旱的时空演变特征及多变量统计模型研 究 [J]．应用基础与工程科学学报，2012 (S1)：15-29.

[60] 陆桂华，闫桂霞，吴志勇，等．基于 copula 函数的区域干旱分析方法 [J]．水科学 进展，2010 (2)：188-193.

[61] 徐春晓，袁潇晨，金菊良，等．基于 copula 的区域干旱空间分布特征分析 [J]．资 源科学，2011 (12)：2308-2313.

[62] 周玉良，袁潇晨，金菊良，等．基于 copula 的区域水文干旱频率分析 [J]．地理科 学，2011 (11)：1383-1388.

[63] Hosking, J. R. M., Wallis, J. R. Regional frequency analysis：An approach based on L-moments [M]. Cambridge Cambridge University Press, 2005.

[64] 张强，潘学标，马柱国．干旱 [M]．北京：气象出版社，2009.

[65] Mishra, A. K., Singh, V. P. Drought modeling-a review [J]. Journal of Hydrology, 2011, 403 (1-2)：157-175.

[66] 韩萍，王鹏新，王家慧，等．基于加权马尔可夫模型的条件植被温度指数预测研究 [J]．干旱地区农业研究，2008 (6)：196-200.

[67] 刘学军．灰色建模在干旱灾变预测中的应用 [J]．中国农业信息，2013 (7)：186-187.

[68] 吕继强，莫淑红，沈冰．近半世纪宝鸡市干旱特征及模型预测研究 [J]．北京师范 大学学报（自然科学版），2010 (3)：333-336.

[69] 王英，迟道才．应用改进的灰色 GM (1，1) 模型预测阜新地区干旱发生年 [J]．节水灌溉，2006 (2)：24-25.

[70] 冯平，胡荣，李建柱．基于三维对数线性模型的气象干旱等级预测研究 [J]．水利 学报，2014 (5)：505-512.

[71] 冯平，杨鹏，李润苗．枯水期径流量的中长期预估模式 [J]．水利水电技术，1997 (2)：6-9.

[72] 刘代勇，梁忠民，赵卫民，等．灰色系统理论在干旱预测中的应用研究 [J]．水力 发电，2012 (2)：10-12.

[73] 王彦集，刘峻明，王鹏新，等．基于加权马尔可夫模型的标准化降水指数干旱预测 研究 [J]．干旱地区农业研究，2007 (5)：198-203.

[74] 杨建伟．灰色理论在干旱预测中的应用 [J]．水文，2009 (2)：50-51.

[75] 迟道才，张兰芬，李雪，等．基于遗传算法优化的支持向量机干旱预测模型 [J]．沈阳农业大学学报，2013 (2)：190-194.

[76] 侯姗姗，王鹏新，田苗．基于相空间重构与 RBF 神经网络的干旱预测模型 [J]．干 旱地区农业研究，2011 (1)：224-230.

[77] 张存杰，董安祥，郭慧．西北地区干旱预测的 EOF 模型 [J]．应用气象学报，1999 (4)：503-508.

[78] 张丹，周惠成．基于指数权马尔可夫链及双原则干旱预测研究 [J]．水电能源科学，2010 (4)：5 - 8.

[79] Drought plans and planning [EB/OL]．<http：//drought. unl. edu/Planning/Drought Plans. aspx>

[80] 张继权，李宁．主要气象灾害风险评价与管理的数量化方法及其应用 [M]．北京：北京师范大学出版社，2007.

[81] 彭贵芬，张一平，赵宁坤．基于信息分配理论的云南干旱风险评估 [J]．气象，2009 (7)：79 - 86.

[82] 彭贵芬，刘盈曦．2009—2010 年云南特大干旱动态风险分析 [J]．气象科技进展，2012 (4)：50 - 52.

[83] 金菊良，郦建强，周玉良，等．旱灾风险评估的初步理论框架 [J]．灾害学，2014 (3)：1 - 10.

[84] 倪长健．论自然灾害风险评估的途径 [J]．灾害学，2013 (2)：1 - 5.

[85] 何斌，武建军，吕爱锋．农业干旱风险研究进展 [J]．地理科学进展，2010 (5)：557 - 564.

[86] 王劲松，郭江勇，周跃武，等．干旱指标研究的进展与展望 [J]．干旱区地理，2007 (1)：60 - 65.

[87] Gibbs, W. J., Maher, J. V. Rainfall deciles as drought indicators [R]. Bureau of Meteorology Bulletin 48. Commonwealth of Australia, Melbourne, Australia, 1967.

[88] van Rooy, M. P. A rainfall anomaly index independent of time and space [J]. Notos, Weather Bureau of South Africa, 1965, 14：43 - 48.

[89] Bhalme, H. N., Mooley, D. A. Large - scale droughts/floods and monsoon circulation [J]. Monthly Weather Review, 1980, 108：1197 - 1211.

[90] 马柱国，华丽娟，任小波．中国近代北方极端干湿事件的演变规律 [J]．地理学报，2003 (S1)：69 - 74.

[91] 范嘉泉，郑剑非．帕尔默气象干旱研究方法介绍 [J]．气象科技，1984 (1)：63 - 71.

[92] Cook, E. R., Meko, D. M., Stahle, D. W., et al. Drought reconstructions for the continental United States [J]. Journal of Climate, 1999, 12 (4)：1145 - 1162.

[93] Dai, A., Trenberth, K. E., Qian, T. A global dataset of Palmer drought severity index for 1870 - 2002：Relationship with soil moisture and effects of surface warming [J]. Journal of Hydrometeorology, 2004, 5 (6)：1117 - 1130.

[94] Heddinghaus, T. R., Sabol, P. A review of the Palmer drought severity index and where do we go from here [A]. Proceedings of the 7th Conference on Applied Climatology [C], p. 242 - 246, AMS. Sep 10 - 13, Salt Lake City, Utah, USA.

[95] Alley, W. M. The palmer drought severity index as a measure of hydrologic drought [J]. Journal of the American Water Resources Association, 1985, 21 (1)：105 - 114.

[96] Karl, T. R. , Quinlan, F. , Ezell, D. S. Drought termination and amelioration: Its climatological probability [J]. Journal of Applied Meteorology, 1987, 26 (9): 1198 - 1209.

[97] Karl, T. R. The sensitivity of the Palmer drought severity index and palmer's Z - index to their calibration coefficients including potential evapotranspiration [J]. Journal of Applied Meteorology, 1986, 25 (1): 77 - 86.

[98] Choi, M. , Jacobs, J. M. , Anderson, M. C. , et al. Evaluation of drought indices via remotely sensed data with hydrological variables [J]. Journal of Hydrology, 2013, 476: 265 - 273.

[99] 安顺清, 邢久星. 帕尔默旱度模式的修正 [J]. 气象科学研究院院刊, 1986 (1): 75 - 82.

[100] 余晓珍. 美国帕尔默旱度模式的修正和应用 [J]. 水文, 1996 (6): 31 - 37.

[101] 刘巍巍, 安顺清, 刘庚山, 等. 帕尔默旱度模式的进一步修正 [J]. 应用气象学报, 2004 (2): 207 - 216.

[102] 杨扬, 安顺清, 刘巍巍, 等. 帕尔默旱度指数方法在全国实时旱情监视中的应用 [J]. 水科学进展, 2007 (1): 52 - 57.

[103] Alley, W. M. The Palmer drought severity index: Limitations and assumptions [J]. Journal of Climate and Applied Meteorology, 1984, 23 (7): 1100 - 1109.

[104] Wells, N. , Goddard, S. , Hayes, M. J. A self - calibrating Palmer drought severity index [J]. Journal of Climate, 2004, 17 (12): 2335 - 2351.

[105] McKee, T. B. , Doesken, N. J. , Kleist, J. The relationship of drought frequency and duration to time scales [A] //Proceedings of the 8th Conference on Applied Climatology [C]. p. 179 - 184, Jan 17 - 22, Anaheim, California, USA.

[106] Guttman, N. B. Comparing the Palmer drought index and the standardized precipitation index [J]. Journal of the American Water Resources Association, 1998, 34 (1): 113 - 121.

[107] Lloyd - Hughes, B. , Saunders, M. A. A drought climatology for Europe [J]. International Journal of Climatology, 2002, 22 (13): 1571 - 1592.

[108] Keyantash, J. , Dracup, J. A. The quantification of drought: An evaluation of drought indices [J]. Bulletin of the American Meteorological Society, 2002, 83 (8): 1167 - 1180.

[109] Guttman, N. B. Accepting the standardized precipitation index: A calculation algorithm [J]. Journal of the American Water Resources Association, 1999, 35 (2): 311 - 322.

[110] Moreira, E. E. , Coelho, C. A. , Paulo, A. A. , et al. SPI - based drought category prediction using loglinear models [J]. Journal of Hydrology, 2008, 354 (1 - 4): 116 - 130.

[111] Gocic, M. , Trajkovic, S. Spatiotemporal characteristics of drought in Serbia [J]. Journal of Hydrology, 2014, 510: 110 - 123.

[112] Shukla, S., Wood, A. W. Use of a standardized runoff index for characterizing hydrologic drought [J]. Geophysical Research Letters, 2008, 35 (L024052).

[113] Vicente‐Serrano, S. M., Lopez‐Moreno, J. I., Begueria, S., et al. Accurate computation of a streamflow drought index [J]. Journal of Hydrologic Engineering, 2012, 17 (2): 318‐332.

[114] Vicente‐Serrano, S. M., Begueria, S., Lopez‐Moreno, J. I. A multiscalar drought index sensitive to global warming: The standardized precipitation evapotranspiration index [J]. Journal of Climate, 2010, 23 (7): 1696‐1718.

[115] Hao, Z., AghaKouchak, A. Multivariate Standardized Drought Index: A parametric multi‐index model [J]. Advances in Water Resources, 2013, 57: 12‐18.

[116] Hao, Z., Singh, V. P. Drought characterization from a multivariate perspective: A review [J]. Journal of Hydrology, 2015, 527: 668‐678.

[117] Sheffield, J., Goteti, G., Wen, F. H., et al. A simulated soil moisture based drought analysis for the United States [J]. Journal of Geophysical Research‐Atmospheres, 2004, 109 (D24108D24).

[118] Tsakiris, G., Pangalou, D., Vangelis, H. Regional drought assessment based on the Reconnaissance Drought Index (RDI) [J]. Water Resources Management, 2007, 21 (5): 821‐833.

[119] Thornthwaite, C. W. An approach toward a rational classification of climate [J]. Geographical Review, 1948, 38 (1): 55‐94.

[120] 邹旭恺, 任国玉, 张强. 基于综合气象干旱指数的中国干旱变化趋势研究 [J]. 气候与环境研究, 2010 (4): 371‐378.

[121] 中华人民共和国国家质量监督检验检疫总局, 中国国家标准化管理委员会. 气象干旱等级 (GB/T 20481—2006) [S]. 北京: 中国标准出版社, 2006.

[122] Xia, Y., Ek, M. B., Peters‐Lidard, C. D., et al. Application of USDM statistics in NLDAS‐2: Optimal blended NLDAS drought index over the continental United States [J]. Journal of Geophysical Research‐Atmospheres, 2014, 119 (6): 2947‐2965.

[123] Mo, K. C., Lettenmaier, D. P. Objective drought classification using multiple land surface models [J]. Journal of Hydrometeorology, 2014, 15 (3): 990‐1010.

[124] Zhang, A., Jia, G. Monitoring meteorological drought in semiarid regions using multi‐sensor microwave remote sensing data [J]. Remote Sensing of Environment, 2013, 134: 12‐23.

[125] Kao, S., Govindaraju, R. S. A copula‐based joint deficit index for droughts [J]. Journal of Hydrology, 2010, 380 (1‐2): 121‐134.

[126] 黄强, 陈子燊, 孔兰, 等. 联合干旱指数在干旱监测中的应用——以广东韶关地区为例 [J]. 干旱气象, 2014 (4): 499‐504.

[127] Meyer, S. J., Hubbard, K. G., Wilhite, D. A. The relationship of climatic indices

and variables to corn (maize) yields: A principal components analysis [J]. Agricultural and Forest Meteorology, 1991, 55 (91): 59 – 84.

[128] Keyantash, J. A., Dracup, J. A. An aggregate drought index: Assessing drought severity based on fluctuations in the hydrologic cycle and surface water storage [J]. Water Resources Research, 2004, 40 (W093049).

[129] Du, L., Tian, Q., Yu, T., et al. A comprehensive drought monitoring method integrating MODIS and TRMM data [J]. International Journal of Applied Earth Observation and Geoinformation, 2013, 23: 245 – 253.

[130] 王莺, 王静, 姚玉璧, 等. 基于主成分分析的中国南方干旱脆弱性评价 [J]. 生态环境学报, 2014 (12): 1897 – 1904.

[131] 虞美秀. 综合干旱指数的构建与应用 [D]. 南京: 河海大学, 2013.

[132] Li, Q., Li, P., Li, H., et al. Drought assessment using a multivariate drought index in the Luanhe River basin of Northern China [J]. Stochastic Environmental Research and Risk Assessment, 2015, 29: 1509 – 1520.

[133] Palmer, W. C. Keeping track of crop moisture conditions, nationwide: The new crop moisture index [J]. Weatherwise, 1968, 21: 156 – 161.

[134] Shafer, B. A., Dezman, L. E. Development of a Surface Water Supply Index (SWSI) to assess the severity of drought conditions in snowpack runoff areas [A] //Proceedings of the Western Snow Conference [C], p. 164 – 175, Reno, Nevada, USA.

[135] Tucker, C. J., Choudhury, B. J. Satellite remote sensing of drought conditions [J]. Remote Sensing of Environment, 1987, 23: 243 – 251.

[136] Kogan, F. N. Application of vegetation index and brightness temperature for drought detection [J]. Advances in Space Research, 1995, 15 (11): 91 – 100.

[137] Brown, J. F., Wardlow, B. D., Tadesse, T., et al. The Vegetation Drought Response Index (VegDRI): A new integrated approach for monitoring drought stress in vegetation [J]. GIScience and Remote Sensing, 2008, 45 (1): 16 – 46.

[138] Maurer, E. P., Wood, A. W., Adam, J. C., et al. A long – term hydrologically based dataset of land surface fluxes and states for the conterminous United States [J]. Journal of Climate, 2002, 15 (22): 3237 – 3251.

[139] Mitchell, K. E., Lohmann, D., Houser, P. R., et al. The multi – institution North American Land Data Assimilation System (NLDAS): Utilizing multiple GCIP products and partners in a continental distributed hydrological modeling system [J]. Journal of Geophysical Research – Atmospheres, 2004, 109 (D07S90D7).

[140] Xia, Y., Ek, M., Wei, H., et al. Comparative analysis of relationships between NLDAS – 2 forcings and model outputs [J]. Hydrological Processes, 2012, 26 (3): 467 – 474.

[141] Livneh, B., Rosenberg, E. A., Lin, C., et al. A Long – Term hydrologically based dataset of land surface fluxes and states for the conterminous united states: Update and ex-

tensions [J]. Journal of Climate, 2013, 26 (23): 9384 – 9392.

[142] Liang, X., Lettenmaier, D. P., Wood, E. F., et al. A simple hydrologically based model of land surface water and energy fluxes for general circulation models [J]. Journal of Geophysical Research – Atmospheres, 1994, 99 (D7): 14415 – 14428.

[143] Andreadis, K. M., Clark, E. A., Wood, A. W., et al. Twentieth – century drought in the conterminous United States [J]. Journal of Hydrometeorology, 2005, 6 (6): 985 – 1001.

[144] Sheffield, J., Andreadis, K. M., Wood, E. F., et al. Global and continental drought in the second half of the twentieth century: Severity – Area – Duration analysis and temporal variability of large – scale events [J]. Journal of Climate, 2009, 22 (8): 1962 – 1981.

[145] Mishra, V., Cherkauer, K. A., Shukla, S. Assessment of drought due to historic climate variability and projected future climate change in the midwestern united states [J]. Journal of Hydrometeorology, 2010, 11 (1): 46 – 68.

[146] Mo, K. C. Model – Based Drought Indices over the United States [J]. Journal of Hydrometeorology, 2008, 9 (6): 1212 – 1230.

[147] Robock, A., Vinnikov, K. Y., Srinivasan, G., et al. The global soil moisture data bank [J]. Bulletin of the American Meteorological Society, 2000, 81 (6): 1281 – 1299.

[148] 许继军，杨大文. 基于分布式水文模拟的干旱评估预报模型研究 [J]. 水利学报，2010 (6): 739 – 747.

[149] 徐静，任立良，刘晓帆，等. 基于双源蒸散与混合产流的 Palmer 旱度模式构建及应用 [J]. 水利学报，2012 (5): 545 – 553.

[150] 张宝庆，吴普特，赵西宁，等. 基于可变下渗容量模型和 Palmer 干旱指数的区域干旱化评价研究 [J]. 水利学报，2012 (8): 926 – 934.

[151] Yan, D., Shi, X., Yang, Z., et al. Modified palmer drought severity index based on distributed hydrological simulation [J]. Mathematical Problems in Engineering, 2013: 327374.

[152] Blenkinsop, S., Fowler, H. J. Changes in European drought characteristics projected by the PRUDENCE regional climate models [J]. International Journal of Climatology, 2007, 27 (12): 1595 – 1610.

[153] Wang, G. L. Agricultural drought in a future climate: Results from 15 global climate models participating in the IPCC 4th assessment [J]. Climate Dynamics, 2005, 25 (7 – 8): 739 – 753.

[154] Loukas, A., Vasiliades, L., Tzabiras, J. Climate change effects on drought severity [J]. Advances in Geosciences, 2008, 17: 23 – 29.

[155] Burke, E. J., Brown, S. J., Christidis, N. Modeling the recent evolution of global drought and projections for the twenty – first century with the hadley centre climate

model [J]. Journal of Hydrometeorology, 2006, 7 (5): 1113 – 1125.

[156] Dubrovsky, M., Svoboda, M. D., Trnka, M., et al. Application of relative drought indices in assessing climate – change impacts on drought conditions in Czechia [J]. Theoretical and Applied Climatology, 2009, 96 (1 – 2): 155 – 171.

[157] Sheffield, J., Wood, E. F. Projected changes in drought occurrence under future global warming from multi – model, multi – scenario, IPCC AR4 simulations [J]. Climate Dynamics, 2008, 31 (1): 79 – 105.

[158] Madadgar, S., Moradkhani, H. Drought analysis under climate change using copula [J]. Journal of Hydrologic Engineering, 2013, 18 (7SI): 746 – 759.

[159] Ma, M., Ren, L., Yuan, F., et al. A new standardized Palmer drought index for hydro – meteorological use [J]. Hydrological Processes, 2014, 28 (23): 5645 – 5661.

[160] 白永清, 智协飞, 祁海霞, 等. 基于多尺度 SPI 的中国南方大旱监测 [J]. 气象科学, 2010 (3): 292 – 300.

[161] Lorenzo – Lacruz, J., Vicente – Serrano, S. M., Lopez – Moreno, J. I., et al. The impact of droughts and water management on various hydrological systems in the headwaters of the Tagus River (central Spain) [J]. Journal of Hydrology, 2010, 386 (1 – 4): 13 – 26.

[162] Vicente – Serrano, S. M., Begueria, S., Lopez – Moreno, J. I., et al. A new global 0. 5 degrees gridded dataset (1901—2006) of a multiscalar drought index: Comparison with current drought index datasets based on the Palmer drought severity index [J]. Journal of Hydrometeorology, 2010, 11 (4): 1033 – 1043.

[163] Paulo, A. A., Rosa, R. D., Pereira, L. S. Climate trends and behaviour of drought indices based on precipitation and evapotranspiration in Portugal [J]. Natural Hazards and Earth System Sciences, 2012, 12 (5): 1481 – 1491.

[164] Webb, R. W., Rosenzweig, C. E., Levine, E. R. Global soil texture and derived Water – Holding capacities [DB/OL]. 2000. 〈http: //www. daac. ornl. gov〉 (accessed Oct 12, 2012) DOI: 10.3334/ORNLDAAC/548.

[165] 杨庆, 李明星, 郑子彦, 等. 7 种气象干旱指数的中国区域适应性 [J]. 中国科学: 地球科学, 2017, 47 (3): 337 – 353.

[166] Yu, M., Li, Q., Hayes, M. J., et al. Are droughts becoming more frequent or severe in China based on the standardized precipitation evapotranspiration index: 1951 – 2010? [J]. International Journal of Climatology, 2014, 34 (3): 545 – 558.

[167] Hosking, J. R. M. L – Moments: Analysis and estimation of distributions using linear combinations of order statistics [J]. Journal of the Royal Statistical Society, 1990, 52 (1): 105 – 124.

[168] Vogel, R. M., Fennessey, N. M. L moment diagrams should replace product moment diagrams [J]. Water Resources Research, 1993, 29 (6): 1745 – 1752.

[169] Zhang, L. Multivariate hydrological frequency analysis and risk mapping [D]. Louisiana State University, USA. Ph. D. thesis, 2005.

[170] Abramowitz, M. , Stegun, I. A. , Romer, R. H. Handbook of mathematical functions: With formulas, graphs, and mathematical tables [J]. Dover Books on Advanced Mathematics, 1965, 56 (10): 136 – 144.

[171] Bernstein, L. Climate Change 2007: Synthesis report, Intergovernmental Panel on Climate Change [J]. Encyclopedia of Energy Natural Resource and Environmental Economics, 2007, 27 (1): 48 – 56.

[172] Sklar, M. Fonctions de répartition à n dimensions et leurs marges [J]. Publ. Inst. Statist. Univ. Paris, 1959, 8: 229 – 231.

[173] Nelson, R. B. An introduction to copulas [M]. New York: Springer, 2006.

[174] Song, S. , Singh, V. P. Meta – elliptical copulas for drought frequency analysis of periodic hydrologic data [J]. Stochastic Environmental Research and Risk Assessment, 2010, 24 (3): 425 – 444.

[175] Ma, M. , Ren, L. , Singh, V. P. , et al. New variants of the Palmer drought scheme capable of integrated utility [J]. Journal of Hydrology, 2014, 519 (A): 1108 – 1119.

[176] Svoboda, M. , LeComte, D. , Hayes, M. , et al. The drought monitor [J]. Bulletin of the American Meteorological Society, 2002, 83 (8): 1181 – 1190.

[177] Anderson, M. C. , Hain, C. , Wardlow, B. , et al. Evaluation of Drought Indices Based on Thermal Remote Sensing of Evapotranspiration over the Continental United States [J]. Journal of Climate, 2011, 24 (8): 2025 – 2044.

[178] Anderson, M. C. , Hain, C. , Otkin, J. , et al. An intercomparison of drought indicators based on thermal remote sensing and NLDAS – 2 simulations with US drought monitor classifications [J]. Journal of Hydrometeorology, 2013, 14 (4): 1035 – 1056.

[179] Ma, M. , Ren, L. , Singh, V. P. , et al. Hydrologic model – based Palmer indices for drought characterization in the Yellow River basin, China [J]. Stochastic Environmental Research and Risk Assessment, 2015, 30 (5): 1401 – 1420.

[180] Ma, M. , Ren, L. , Yuan, F. , et al. A new standardized Palmer drought index for hydro – meteorological use [J]. Hydrological Processes, 2014, 28 (23): 5645 – 5661.

[181] Vicente – Serrano, S. M. , Van der Schrier, G. , Begueria, S. , et al. Contribution of precipitation and reference evapotranspiration to drought indices under different climates [J]. Journal of Hydrology, 2015, 526 (SI): 42 – 54.

[182] Ma, M. , Ren, L. , Singh, V. P. , et al. Evaluation and application of the SPDI – JDI for droughts in Texas, USA [J]. Journal of Hydrology, 2015, 521: 34 – 45.

[183] Liang, X. , Lettenmaier, D. P. , Wood, E. F. One – dimensional statistical dynamic representation of subgrid spatial variability of precipitation in the two – layer variable

infiltration capacity model [J]. Journal of Geophysical Research – Atmospheres, 1996, 101 (D16): 21403 – 21422.

[184] Shukla, S., Steinemann, A. C., Lettenmaier, D. P. Drought monitoring for washington state: Indicators and applications [J]. Journal of Hydrometeorology, 2011, 12 (1): 66 – 83.

[185] Rajsekhar, D., Mishra, A. K., Singh, V. P. Regionalization of drought characteristics using an entropy approach [J]. Journal of Hydrologic Engineering, 2013, 18 (7SI): 870 – 887.

[186] Lohmann, D., Raschke, E., Nijssen, B., et al. Regional scale hydrology: I. Formulation of the VIC – 2L model coupled to a routing model [J]. Hydrological Sciences Journal – Journal Des Sciences Hydrologiques, 1998, 43 (1): 131 – 141.

[187] Xie, Z., Yuan, F., Duan, Q., et al. Regional parameter estimation of the VIC land surface model: Methodology and application to river basins in China [J]. Journal of Hydrometeorology, 2007, 8 (3): 447 – 468.

[188] Andreadis, K. M., Lettenmaier, D. P. Trends in 20th century drought over the continental United States [J]. Geophysical Research Letters, 2006, 33 (L1040310).

[189] Sheffield, J., Wood, E. F. Global trends and variability in soil moisture and drought characteristics, 1950 – 2000, from observation – driven simulations of the terrestrial hydrologic cycle [J]. Journal of Climate, 2008, 21 (3): 432 – 458.

[190] Wang, A., Bohn, T. J., Mahanama, S. P., et al. Multimodel ensemble reconstruction of drought over the continental united states [J]. Journal of Climate, 2009, 22 (10): 2694 – 2712.

[191] 吴志勇, 陆桂华, 张建云, 等. 基于 VIC 模型的逐日土壤含水量模拟 [J]. 地理科学, 2007 (3): 359 – 364.

[192] Hansen, M. C., Defries, R. S., Townshend, J., et al. Global land cover classification at 1km spatial resolution using a classification tree approach [J]. International Journal of Remote Sensing, 2000, 21 (6 – 7): 1331 – 1364.

[193] 中央气象局气象科学研究院. 中国近五百年旱涝分布图集 [M]. 北京: 地图出版社, 1981.

[194] 张世法, 苏逸深, 宋德敦, 等. 中国历史干旱 1949—2000 [M]. 南京: 河海大学出版社, 2008.

[195] Fleig, A. K., Tallaksen, L. M., Hisdal, H., et al. A global evaluation of streamflow drought characteristics [J]. Hydrology and Earth System Sciences, 2006, 10 (4): 535 – 552.

[196] Nakicenovic, N., Swart, R. J. Special Report on Emissions Scenarios: A special report of Working Group III of the Intergovernmental Panel on Climate Change [M]. Cambridge University Press, UK, 2000.

[197] 秦大河, 陈振林, 罗勇, 等. 气候变化科学的最新认知 [J]. 气候变化研究进展,

2007 (2): 63 - 73.

[198] 马明卫, 宋松柏, 于艺, 等. 渭河流域干旱特征联合概率分布研究 [J]. 水力发电学报, 2012 (6): 28 - 34.

[199] Ma, M., Song, S., Ren, L., et al. Multivariate drought characteristics using trivariate Gaussian and Student *t* copulas [J]. Hydrological Processes, 2013, 27 (8): 1175 - 1190.

[200] Sillmann, J., Kharin, V. V., Zwiers, F. W., et al. Climate extremes indices in the CMIP5 multimodel ensemble: Part 2. Future climate projections [J]. Journal of Geophysical Research - Atmospheres, 2013, 118 (6): 2473 - 2493.

[201] IPCC. Climate Change 2014: Synthesis Report [R]. Contribution of Working Groups Ⅰ, Ⅱ and Ⅲ to the Fifth Assessment Report of the Intergovernmental Panel on Climate Change [Core Writing Team, R. K. Pachauri and L. A. Meyer (eds.)]. IPCC, Geneva, Switzerland, 2014.